형, 측정 영

	1학년	2학년	3학년	4학년	5학
수와 연산					
규칙성					

도형

1-1 여러 가지 모양
■, ■, ● 모양

1-2 여러 가지 모양
■, ▲, ● 모양

2-1 여러 가지 도형
꼭짓점, 변, 원, 삼각형, 사각형, 오각형, 육각형

3-1 평면도형
선의 종류, 각과 직각, 직각삼각형, 직사각형, 정사각형

3-2 원
원의 중심, 반지름, 지름, 원 그리기

4-1 평면도형의 이동
밀기, 뒤집기, 돌리기, 뒤집고 돌리기

4-2 삼각형
이등변삼각형, 정삼각형, 예각삼각형, 둔각삼각형

4-2 사각형
수직, 수선, 평행, 평행선, 평행선 사이의 거리, 사다리꼴, 평행사변형, 마름모

4-2 다각형
다각형, 정다각형, 대각선

5-2 합동과
도형의 합동, 선대칭도형, 점대칭도형

5-2 직육면
직육면체, 정 직육면체의

측정

1-1 비교하기
길이 비교, 무게 비교, 넓이 비교

1-2 시계보기
몇 시, 몇 시 30분

2-1 길이재기
1cm, 자로 길이재기

2-2 길이재기
1cm보다 큰 단위, 길이의 합과 차

2-2 시각과 시간
몇 시 몇 분, 1시간, 하루의 시간, 달력

4-1 각도
각도 재기, 각 그리기, 각도의 합과 차, 예각, 둔각, 삼각형의 세 각의 크기의 합, 사각형의 네 각의 크기의 합

5-1 다각형 넓이
정다각형의 직사각형의 평행사변형 삼각형의 넓 마름모의 넓 사다리꼴의

자료와 가능성

		중등		
년	**6학년**	**1학년**	**2학년**	**3학년**

수와 연산

문자와 식

함수

대칭	**6-1 각기둥과 각뿔** 각기둥, 각기둥의 전개도, 각뿔	**1-2 기본도형** 기본도형의 구성요소, 각, 평행선, 위치 관계	**2-2 삼각형의 성질** 이등변삼각형, 직각삼각형의 합동, 삼각형의 외심과 내심	**3-2 삼각비** 삼각비의 뜻, 삼각비의 값의 활용
체 육면체, 전개도	**6-2 공간과 입체** 쌓기나무의 수, 쌓기나무 위, 앞, 옆에서 본 모양 그리기	**1-2 작도와 합동** 삼각형 작도, 삼각형의 합동 조건	**2-2 사각형의 성질** 평행사변형, 여러 가지 사각형의 성질	**3-2 원의 성질** 원과 직선, 원주각, 원주각의 활용
	6-2 원기둥, 원뿔, 구 원기둥, 원기둥의 전개도, 원뿔, 구	**1-2 평면도형** 다각형, 다각형의 내각과 외각, 원과 부채꼴	**2-2 도형의 닮음** 닮음의 의미, 평행선과 선분의 길이의 합, 삼각형의 무게 중심	
		1-2 입체도형 다면체와 회전체, 입체 도형의 겉넓이와 부피	**2-2 피타고라스의 정리** 피타고라스의 정리, 피타고라스의 정리의 활용	

기하

의 둘레와	**6-1 직육면체의 부피와 겉넓이** 직육면체의 부피, 직육면체의 겉넓이
둘레, 넓이, 넓이, 이, 이, 넓이	**6-2 원의 넓이** 원주와 원주율, 원의 넓이

확률과 통계

초등 도형
21일 총정리

구성과 특징

핵심 개념 익히기

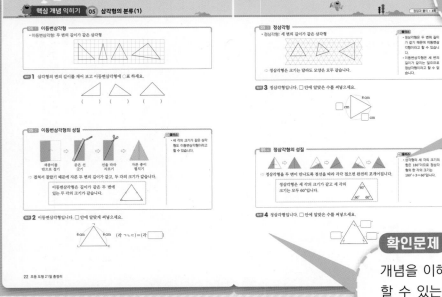

핵심 개념을 간단 명료하게 정리하여 개념을 쉽고 빠르게 이해할 수 있습니다.

플러스

개념에 포함된 숨겨진 원리, 강조할 개념, 보충 개념을 정리하였습니다.

확인문제

개념을 이해했는지 확인할 수 있는 쉬운 문제로 구성하였습니다.

개념 다지기

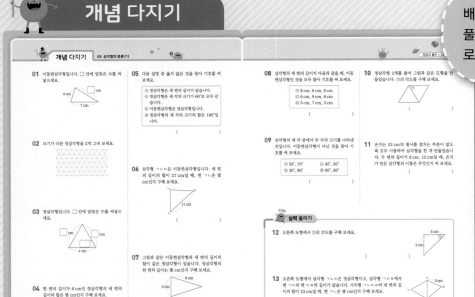

배운 개념을 활용하여 실전 문제를 풀 수 있도록 중요 유형의 문제들로 구성하였습니다.

실력 올리기

심화 유형의 문제들로 구성하여 문제 해결력과 수학적 사고력을 기를 수 있습니다.

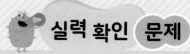

실력 확인 문제

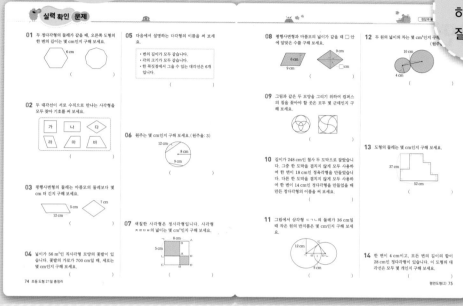

각 단원에서 학습한 내용을 총정리 하는 필수 문제로 구성하여 내용을 잘 이해했는지 확인할 수 있습니다.

성취도 평가

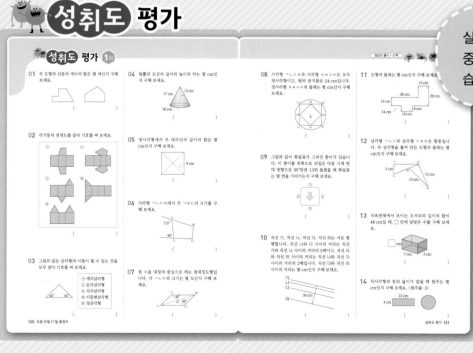

실제 시험에 대비할 수 있도록 적중률이 높은 문제들로 구성하였습니다.

차례

21일 완성 학습 계획표

평면도형(1)

공부할 내용

공부한 날

01-1 선분

- 선분: 두 점을 곧게 이은 선

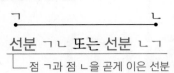

선분 ㄱㄴ 또는 선분 ㄴㄱ
└─ 점 ㄱ과 점 ㄴ을 곧게 이은 선분

 ➕ 플러스
- 굽은 선으로 이은 것은 선분이 아닙니다.
예

[확인] **1** 오른쪽 그림에서 선분은 어느 것인지 기호를 써 보세요.

(   )

01-2 반직선

- 반직선: 한 점에서 시작하여 한쪽으로 끝없이 늘인 곧은 선

반직선 ㄱㄴ
└─ 점 ㄱ에서 시작하여
   점 ㄴ을 지나는 반직선

반직선 ㄴㄱ
└─ 점 ㄴ에서 시작하여
   점 ㄱ을 지나는 반직선

[확인] **2** 점을 이용하여 반직선을 그어 보세요.

(1) 반직선 ㄷㄹ

(2) 반직선 ㅁㄹ

반직선은 시작하는 점과 늘이는 방향에 따라 이름이 달라져.

01-3 직선

- 직선: 선분을 양쪽으로 끝없이 늘인 곧은 선

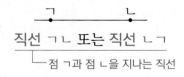

직선 ㄱㄴ 또는 직선 ㄴㄱ
└─ 점 ㄱ과 점 ㄴ을 지나는 직선

➕ 플러스
- 직선은 양쪽 끝이 정해지지 않은 선이고, 선분은 양쪽 끝이 정해진 선입니다.

[확인] **3** □ 안에 알맞은 도형의 이름을 써 넣으세요.

01 그림에서 선분, 반직선, 직선은 각각 몇 개인지 구해 보세요.

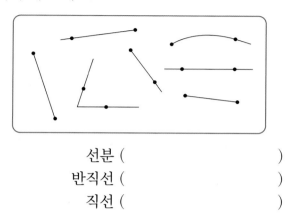

선분 (　　　　　　　)

반직선 (　　　　　　　)

직선 (　　　　　　　)

04 4개의 점 중에서 2개의 점을 이어 그을 수 있는 서로 다른 선분은 모두 몇 개인가요?

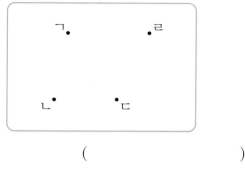

(　　　　　　　)

 실력 올리기

02 도형에서 찾을 수 있는 반직선 중에서 반직선 ㄴㄷ과 같은 반직선을 찾아 써 보세요.

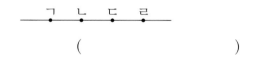

(　　　　　　　)

05 도형에 있는 선분의 개수가 많은 순서대로 기호를 써 보세요.

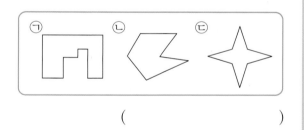

(　　　　　　　)

03 다음 중 옳지 않은 것을 모두 찾아 기호를 써 보세요.

> ㉠ 선분 ㄱㄴ과 선분 ㄴㄱ은 같습니다.
> ㉡ 시작하는 점이 같은 반직선은 모두 같은 반직선입니다.
> ㉢ 직선은 양쪽으로 끝이 있어 길이를 잴 수 있습니다.
> ㉣ 직선 ㄱㄴ은 점 ㄱ과 점 ㄴ을 지나는 곧은 선입니다.
> ㉤ 두 점을 지나는 선분은 1개입니다.

(　　　　　　　)

06 3개의 점 중에서 2개의 점을 이어 그을 수 있는 직선과 반직선은 모두 몇 개인지 구해 보세요.

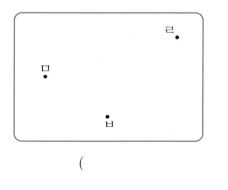

(　　　　　　　)

02-1 각과 직각, 각도

- 각: 한 점에서 그은 두 반직선으로 이루어진 도형

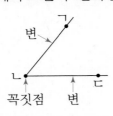

변
꼭짓점   변

┌ 각 읽기: 각 ㄱㄴㄷ 또는 각 ㄷㄴㄱ
┌ 각의 꼭짓점: 점 ㄴ
┌ 각의 변: 반직선 ㄴㄱ, 반직선 ㄴㄷ
└ 변 읽기: 변 ㄴㄱ, 변 ㄴㄷ

➕ 플러스
- 굽은 선으로 이루어져 있거나 한 점에서 만나지 않으면 각이 아닙니다.

- 직각(90°): 종이를 반듯하게 두 번 접었을 때 생기는 각

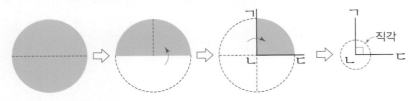

직각 ㄱㄴㄷ을 나타낼 때에는 꼭짓점 ㄴ에 ⌐ 표시를 하기도 합니다.

- 각도: 각의 크기
- 1도(1°): 직각을 똑같이 90으로 나눈 것 중의 하나

확인 1 도형에서 직각을 모두 찾아 ⌐ 로 표시해 보세요.

(1)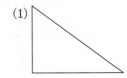

(2)

직각 삼각자의 직각 부분을 대었을 때 꼭 맞게 겹쳐지면 직각이야.

02-2 예각과 둔각

- 예각: 각도가 0°보다 크고 직각(90°)보다 작은 각
- 둔각: 각도가 직각(90°)보다 크고 180°보다 작은 각

예각   직각   둔각

➕ 플러스
- 곧은 선으로 이어지면 180°, 한 바퀴 돌아오면 360°입니다.
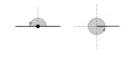

확인 2 각을 보고 예각, 직각, 둔각 중 어느 것인지 써 보세요.

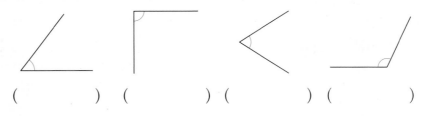

(   ) (   ) (   ) (   )

02-3 각도의 합과 차

- **각도의 합**: 두 각을 겹치지 않게 이어 붙였을 때 전체 각의 크기

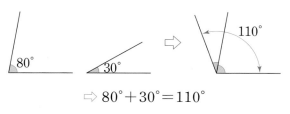

⇨ 80°＋30°＝110°

- **각도의 차**: 두 각을 겹쳐 놓았을 때 겹치지 않은 부분의 각의 크기

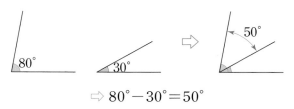

⇨ 80°－30°＝50°

확인 3 두 각도의 합과 차를 구해 보세요.

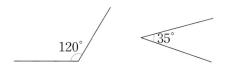

합 (   )
차 (   )

각도의 합과 차는 자연수의 덧셈, 뺄셈과 같은 방법으로 계산한 후 단위 °(도)만 붙여 주면 돼.

02-4 삼각형과 사각형의 각의 크기의 합

- **삼각형의 세 각의 크기의 합**
  삼각형의 세 각의 크기의 합은 180°입니다.

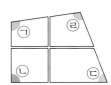 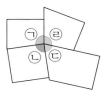

㉠＋㉡＋㉢＝180°

- **사각형의 네 각의 크기의 합**
  사각형의 네 각의 크기의 합은 360°입니다.

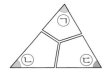 

㉠＋㉡＋㉢＋㉣＝360°

모양과 크기가 달라도 삼각형의 세 각의 크기의 합은 180°, 사각형의 네 각의 크기의 합은 360°야.

확인 4 □ 안에 알맞은 수를 써넣으세요.

(1)

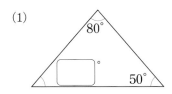

(2)

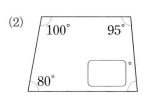

01 도형에서 각을 모두 찾아 ○표 하세요.

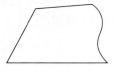

02 그림에서 직각을 그리려면 점 ㄴ과 어느 점을 이어야 하나요? (   )

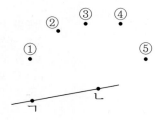

03 주어진 선분을 이용하여 예각과 둔각을 그려 보세요.

(1) 예각

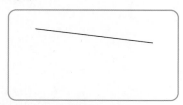

(2) 둔각

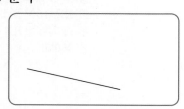

04 계산한 각도가 작은 순서대로 기호를 써 보세요.

㉠ 95°+38°	㉡ 124°−39°
㉢ 67°+54°	㉣ 231°−115°

(   )

05 시각에 맞게 시계에 시곗바늘을 그리고, 긴바늘과 짧은바늘이 이루는 작은 쪽의 각이 예각, 직각, 둔각 중 어느 것인지 써 보세요.

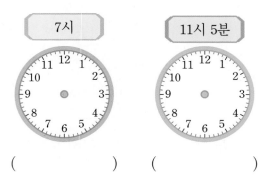

(   )   (   )

06 ㉠과 ㉡의 각도의 합을 구해 보세요.

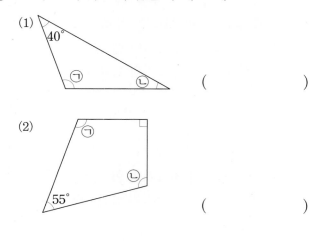

(1)   (   )

(2)   (   )

07 직각이 가장 많은 도형을 찾아 기호를 써 보세요.

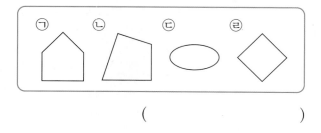

(   )

08 그림에서 직각을 모두 찾아 └┘로 표시하고 직각은 모두 몇 개인지 써 보세요.

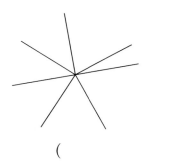

( )

09 각 ㄹㅇㄷ의 크기를 구해 보세요.

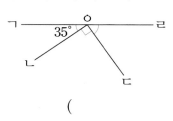

( )

10 사각형의 네 각의 크기가 될 수 없는 것을 찾아 기호를 써 보세요.

> ㉠ 70°, 40°, 105°, 145°
> ㉡ 90°, 80°, 125°, 75°
> ㉢ 110°, 50°, 30°, 170°

( )

11 ㉠의 각도를 구해 보세요.

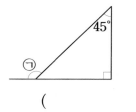

( )

12 시계의 긴바늘과 짧은바늘이 이루는 작은 쪽의 각이 둔각인 것을 모두 골라 기호를 써 보세요.

> ㉠ 2시   ㉡ 5시
> ㉢ 4시 30분   ㉣ 7시 30분
> ㉤ 10시 30분

( )

 실력 올리기

13 오른쪽 그림에서 찾을 수 있는 크고 작은 예각과 둔각은 모두 몇 개인지 구해 보세요.

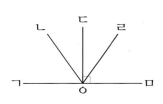

( )

14 오른쪽 그림에서 각 ㅁㅇㄹ의 크기를 구해 보세요.

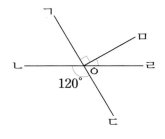

( )

03-1 수직과 수선

- 수직: 두 직선이 만나서 이루는 각이 직각일 때, 두 직선은 서로 수직이라고 합니다.

- 수선: 두 직선이 서로 수직으로 만나면, 한 직선을 다른 직선에 대한 수선이라고 합니다.

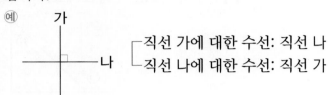

직선 가에 대한 수선: 직선 나
직선 나에 대한 수선: 직선 가

플러스

- 수선의 개수
① 한 직선에 그을 수 있는 수선은 셀 수 없이 많습니다.

② 한 점을 지나고 한 직선에 수직인 직선은 1개뿐입니다.

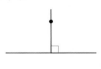

확인 1 두 직선이 서로 수직인 것에 ○표 하세요.

(   )   (   )   (   )

확인 2 그림을 보고 ☐ 안에 알맞은 말을 써넣으세요.

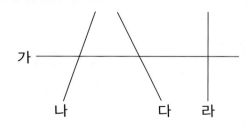

(1) 직선 가에 수직인 직선은 직선 ☐ 입니다.

(2) 직선 라에 대한 수선은 직선 ☐ 입니다.

03-2 수선 긋기

- 삼각자를 사용하여 수선 긋기

 ① 삼각자에서 직각을 낀 변 중 한 변을 주어진 직선에 맞춥니다.

 ② 직각을 낀 다른 한 변을 따라 선을 긋습니다.

- 각도기를 사용하여 수선 긋기

 ① 주어진 직선 위에 점 ㄱ을 찍습니다.

 ② 각도기의 중심을 점 ㄱ에, 각도기의 밑금을 주어진 직선과 일치하도록 맞춥니다.

 ③ 각도기에서 90°가 되는 눈금 위에 점 ㄴ을 찍습니다.

 ④ 점 ㄱ과 점 ㄴ을 직선으로 잇습니다

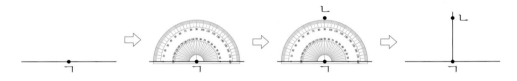

확인 3 삼각자를 사용하여 직선 가에 대한 수선을 바르게 그은 것에 ○표 하세요.

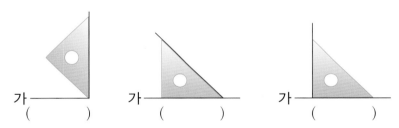

가 (   )   가 (   )   가 (   )

확인 4 각도기를 사용하여 직선 가에 수직인 직선을 바르게 그은 것에 ○표 하세요.

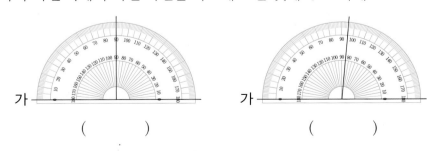

가 (   )   가 (   )

01 직선 가와 수직인 직선을 모두 써 보세요.

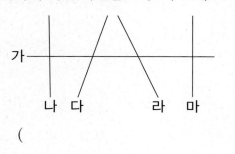

( )

02 변 ㄴㅂ에 대한 수선을 찾아 써 보세요.

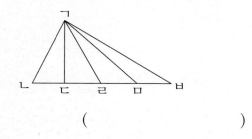

( )

03 각도기를 사용하여 직선 가에 대한 수선을 그으려고 합니다. 순서에 맞게 □ 안에 번호를 1부터 순서대로 써넣으세요.

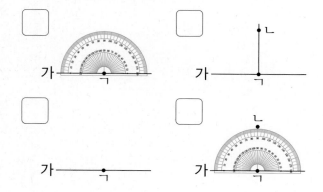

04 삼각자를 사용하여 직선 가에 대한 수선을 그어 보세요.

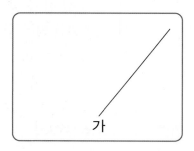

05 각도기를 사용하여 주어진 점을 지나면서 직선 가에 수직인 직선을 그어 보세요.

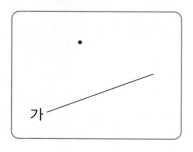

06 다음 설명 중 옳은 것에 ○표, 틀린 것에 ×표 하세요.

(1) 한 점을 지나고 한 직선에 수직인 직선은 셀 수 없이 많이 그을 수 있습니다.

( )

(2) 한 직선에 대한 수선은 셀 수 없이 많이 그을 수 있습니다.

( )

07 서로 수직인 변이 있는 도형은 모두 몇 개인지 구해 보세요.

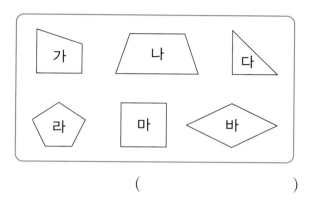

( )

08 점 ㄴ을 지나고 변 ㄷㄹ에 대한 수선을 그어 보세요.

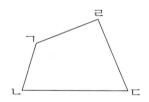

09 직선 가는 직선 나에 대한 수선입니다. ㉠의 각도를 구해 보세요.

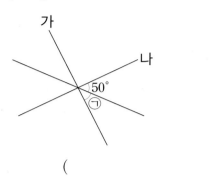

( )

10 직선 ㄱㄴ과 직선 ㅁㅂ은 서로 수직입니다. 각 ㄱㅇㄹ의 크기를 구해 보세요.

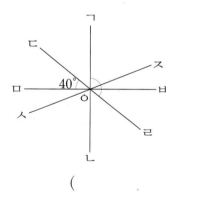

( )

 실력 올리기

11 오른쪽 도형에서 ㉠과 ㉡의 합은 모두 몇 개인지 구해 보세요.

> ㉠ 점 ㄱ에서 각 변에 그은 수선의 수
> ㉡ 각 꼭짓점에서 변에 그은 모든 수선의 수

( )

12 시계의 긴바늘이 숫자 12를 가리키고, 긴바늘과 짧은바늘이 서로 수직을 이루는 때는 하루에 몇 번인지 구해 보세요.

( )

04-1 평행과 평행선

- 평행: 한 직선에 수직인 두 직선을 그었을 때, 그 두 직선은 서로 만나지 않습니다.
  이와 같이 서로 만나지 않는 두 직선을 평행하다고 합니다.
- 평행선: 평행한 두 직선

확인 1 두 직선이 서로 평행한 것에 ○표 하세요.

(   )   (   )   (   )

평행선은 아무리 길게 늘여도 서로 만나지 않아.

04-2 평행선 긋기

- 삼각자를 사용하여 평행선 긋기
  한 삼각자를 고정하고 다른 삼각자를 움직여 평행선을 긋습니다.

- 삼각자를 사용하여 점 ㄱ을 지나고 주어진 직선과 평행한 직선 긋기
  ① 삼각자의 한 변을 주어진 직선에 맞추고 다른 한 변이 점 ㄱ을 지나도록 놓습니다.
  ② 다른 삼각자를 사용하여 점 ㄱ을 지나고 주어진 직선과 평행한 직선을 긋습니다.

➕ 플러스

- 주어진 직선과 평행한 직선은 셀 수 없이 많이 그을 수 있습니다.
- 한 점을 지나고 한 직선과 평행한 직선은 1개만 그을 수 있습니다.

확인 2 삼각자를 사용하여 평행선을 바르게 그은 것을 모두 찾아 ○표 하세요.

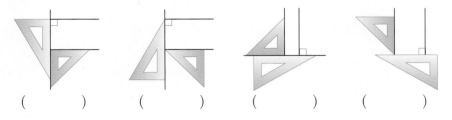

(   )   (   )   (   )   (   )

확인 3 점 ㄱ을 지나고 직선 가와 평행한 직선을 그어 보세요.

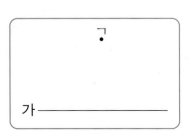

04-3 평행선 사이의 거리

- 평행선 사이의 거리: 평행선의 한 직선에서 다른 직선에 그은 수선의 길이
- 평행선 사이에 그은 선분 중에서 수선의 길이가 가장 짧고 그 길이는 모두 같습니다.

평행선
사이의 거리

확인 4 평행선 사이의 거리를 나타내는 선분을 모두 찾아 기호를 써 보세요.

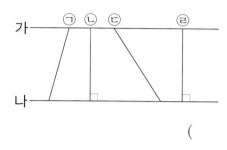

평행선 사이의 거리는 평행선 사이에 그은 수선의 길이야.

(   )

04-4 평행선과 직선이 만나서 생기는 각

- 평행선과 한 직선이 만나서 생기는 각의 크기 구하기

  예 직선 가와 직선 나가 서로 평행할 때, ㉠의 각도 구하기

  ★$= 180° - 60° = 120°$이고

  사각형의 네 각의 합은 360°이므로

  ㉠$= 360° - (120° + 90° + 90°) = 60°$

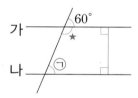

- 평행선과 두 직선이 만나서 생기는 각의 크기 구하기

  예 직선 가와 직선 나가 서로 평행할 때, ㉠의 각도 구하기

  ●$= 180° - 30° = 150°$, ▲$= 90° - 35° = 55°$

  사각형의 네 각의 크기의 합은 360°이므로

  ㉠$= 360° - (150° + 90° + 55°) = 65°$

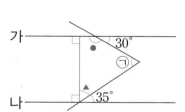

확인 5 직선 가와 직선 나는 서로 평행합니다. □ 안에 알맞은 수를 써넣으세요.

(1)
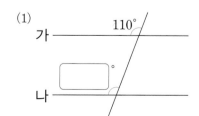

(2)
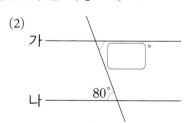

01 ☐ 안에 알맞은 말을 써넣으세요.

(1) 한 직선에 수직인 두 직선을 그었을 때, 서로 만나지 않는 두 직선을 ☐☐☐☐ 하다고 합니다.

(2) 평행한 두 직선을 ☐☐☐☐☐ 이라고 합니다.

02 도형에서 서로 평행한 변을 모두 찾아 써 보세요.

(1)

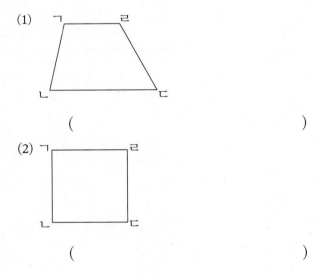

(　　　　　　　　　)

(2)

(　　　　　　　　　)

03 도형에서 점 ㄱ을 지나고 변 ㄴㄷ에 평행한 직선을 그어 보세요.

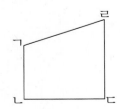

04 평행선에 대한 설명으로 옳지 않은 것을 모두 찾아 기호를 써 보세요.

> ㉠ 한 직선에 수직인 두 직선입니다.
> ㉡ 두 직선이 이루는 각은 90°입니다.
> ㉢ 두 직선은 서로 만나지 않습니다.
> ㉣ 한 직선은 다른 직선에 대한 수선입니다.

(　　　　　　　　　)

05 평행선 사이의 거리는 몇 cm인가요?

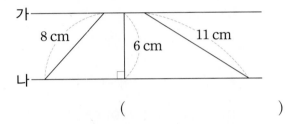

(　　　　　　　　　)

06 점 ㅇ을 지나고 직선 가에 평행한 직선은 몇 개 그을 수 있는지 구해 보세요.

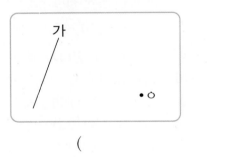

(　　　　　　　　　)

07 평행선 사이의 거리가 2 cm가 되도록 주어진 직선과 평행한 직선을 그어 보세요.

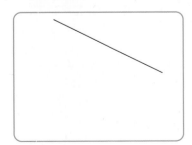

08 직선 가와 직선 나는 서로 평행합니다. ㉠의 각도를 구해 보세요.

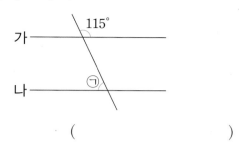

(   )

10 직선 가와 직선 나는 서로 평행합니다. ㉠의 각도를 구해 보세요.

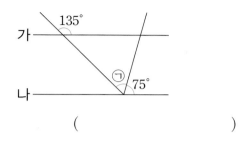

(   )

09 평행선이 많은 순서대로 기호를 써 보세요.

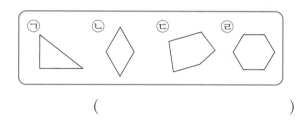

(   )

11 수직인 선분도 있고 평행한 선분도 있는 글자는 모두 몇 개인지 구해 보세요.

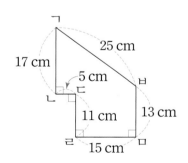

(   )

실력 올리기

12 오른쪽 도형에서 변 ㄱㄴ과 변 ㅂㅁ은 서로 평행합니다. 이 평행선 사이의 거리는 몇 cm인지 구해 보세요.

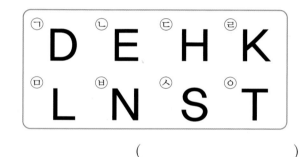

(   )

13 오른쪽 그림에서 찾을 수 있는 평행선은 모두 몇 쌍인지 구해 보세요.

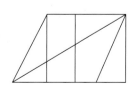

(   )

05-1 이등변삼각형

• 이등변삼각형: 두 변의 길이가 같은 삼각형

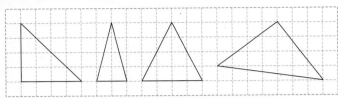

확인 1 삼각형의 변의 길이를 재어 보고 이등변삼각형에 ◯표 하세요.

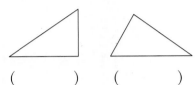

(   )   (   )   (   )

05-2 이등변삼각형의 성질

  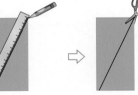

색종이를   곧은 선   선을 따라   자른 종이
반으로 접기   긋기   자르기   펼치기

⇨ 겹쳐서 잘랐기 때문에 자른 두 변의 길이가 같고, 두 각의 크기가 같습니다.

이등변삼각형은 길이가 같은 두 변에
있는 두 각의 크기가 같습니다.

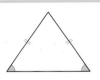

🔍 **플러스**

• 세 각의 크기가 같은 삼각형도 이등변삼각형이라고 할 수 있습니다.

확인 2 이등변삼각형입니다. ☐ 안에 알맞게 써넣으세요.

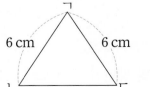

6 cm   6 cm   (각 ㄱㄴㄷ)＝(각 ☐)

05-3 정삼각형

- 정삼각형: 세 변의 길이가 같은 삼각형

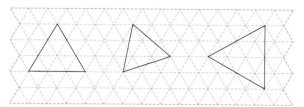

⇨ 정삼각형은 크기는 달라도 모양은 모두 같습니다.

➕ 플러스

- 정삼각형은 두 변의 길이가 같기 때문에 이등변삼각형이라고 할 수 있습니다.
- 이등변삼각형은 세 변의 길이가 같지는 않으므로 정삼각형이라고 할 수 없습니다.

확인 3 정삼각형입니다. □ 안에 알맞은 수를 써넣으세요.

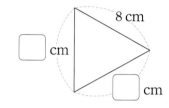

05-4 정삼각형의 성질

⇨ 정삼각형을 두 변이 만나도록 점선을 따라 각각 접으면 완전히 포개어집니다.

> 정삼각형은 세 각의 크기가 같고 세 각의 크기는 모두 60°입니다.

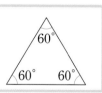

➕ 플러스

- 삼각형의 세 각의 크기의 합은 180°이므로 정삼각형의 한 각의 크기는 180°÷3＝60°입니다.

확인 4 정삼각형입니다. □ 안에 알맞은 수를 써넣으세요.

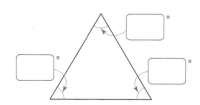

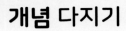
01 이등변삼각형입니다. □ 안에 알맞은 수를 써 넣으세요.

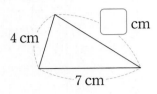

02 크기가 다른 정삼각형을 2개 그려 보세요.

03 정삼각형입니다. □ 안에 알맞은 수를 써넣으세요.

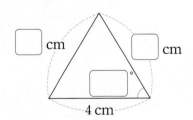

04 한 변의 길이가 6 cm인 정삼각형의 세 변의 길이의 합은 몇 cm인지 구해 보세요.

 (   )

05 다음 설명 중 옳지 않은 것을 찾아 기호를 써 보세요.

> ㉠ 정삼각형은 세 변의 길이가 같습니다.
> ㉡ 정삼각형은 세 각의 크기가 60°로 모두 같습니다.
> ㉢ 이등변삼각형은 정삼각형입니다.
> ㉣ 정삼각형의 세 각의 크기의 합은 180°입니다.

(   )

06 삼각형 ㄱㄴㄷ은 이등변삼각형입니다. 세 변의 길이의 합이 27 cm일 때, 변 ㄱㄴ은 몇 cm인지 구해 보세요.

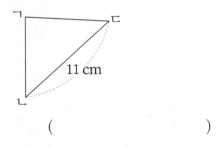

(   )

07 그림과 같은 이등변삼각형과 세 변의 길이의 합이 같은 정삼각형이 있습니다. 정삼각형의 한 변의 길이는 몇 cm인지 구해 보세요.

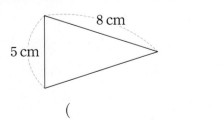

(   )

08 삼각형의 세 변의 길이가 다음과 같을 때, 이등변삼각형인 것을 모두 찾아 기호를 써 보세요.

> ㉠ 8 cm, 8 cm, 8 cm
> ㉡ 6 cm, 9 cm, 6 cm
> ㉢ 5 cm, 7 cm, 3 cm

( )

09 삼각형의 세 각 중에서 두 각의 크기를 나타낸 것입니다. 이등변삼각형이 아닌 것을 찾아 기호를 써 보세요.

> ㉠ 55°, 70°   ㉡ 45°, 90°
> ㉢ 30°, 80°   ㉣ 60°, 60°

( )

10 정삼각형 2개를 붙여 그림과 같은 도형을 만들었습니다. ㉠의 각도를 구해 보세요.

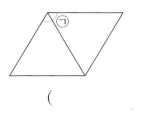

( )

11 은지는 32 cm의 철사를 겹치는 부분이 없도록 모두 사용하여 삼각형을 한 개 만들었습니다. 두 변의 길이가 8 cm, 12 cm일 때, 은지가 만든 삼각형의 이름은 무엇인지 써 보세요.

( )

 실력 올리기

12 오른쪽 도형에서 ㉠의 각도를 구해 보세요.

( )

5 cm
5 cm

13 오른쪽 도형에서 삼각형 ㄱㄴㄷ은 정삼각형이고, 삼각형 ㄱㄷㄹ에서 변 ㄱㄷ과 변 ㄷㄹ의 길이가 같습니다. 사각형 ㄱㄴㄷㄹ의 네 변의 길이의 합이 23 cm일 때, 변 ㄱㄴ은 몇 cm인지 구해 보세요.

5 cm

( )

06-1 삼각형을 각의 크기에 따라 분류하기

· 예각삼각형: 세 각이 모두 예각인 삼각형
· 직각삼각형: 한 각이 직각인 삼각형
· 둔각삼각형: 한 각이 둔각인 삼각형

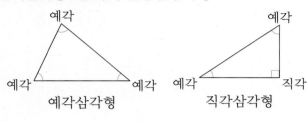
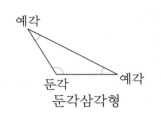

🔍➕ 플러스
· 삼각형의 종류에 따른 예각, 직각, 둔각의 수

예각삼각형	예각 3개
직각삼각형	직각 1개, 예각 2개
둔각삼각형	둔각 1개, 예각 2개

확인 1 알맞은 말에 ○표 하고, ☐ 안에 알맞은 말을 써넣으세요.

그림과 같이 (한 , 두 , 세) 각이 ☐ 인 삼각형을 예각삼각형이라고 합니다.

확인 2 둔각삼각형을 찾아 ○표 하세요.

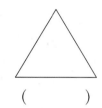

(   )   (   )   (   )

06-2 삼각형을 두 가지 기준으로 분류하기

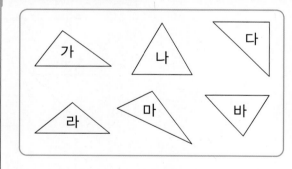

	예각삼각형	직각삼각형	둔각삼각형
이등변삼각형	나	다	라
세 변의 길이가 모두 다른 삼각형	바	가	마

확인 3 알맞은 것끼리 선으로 이어 보세요.

이등변삼각형 ·

정삼각형 ·

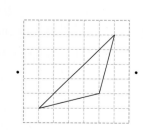

· 예각삼각형

· 직각삼각형

· 둔각삼각형

01 삼각형을 각의 크기에 따라 분류하려고 합니다. 빈칸에 알맞은 기호를 써 보세요.

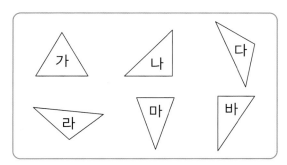

예각삼각형	직각삼각형	둔각삼각형

02 삼각형의 세 각의 크기를 잰 것입니다. 예각삼각형과 둔각삼각형을 각각 모두 찾아 기호를 써 보세요.

> ㉠ 45°, 65°, 70°   ㉡ 105°, 20°, 55°
> ㉢ 75°, 90°, 15°   ㉣ 91°, 44°, 45°

예각삼각형 (   )
둔각삼각형 (   )

03 직사각형 모양의 종이를 선을 따라 잘랐을 때 만들어지는 예각삼각형은 둔각삼각형보다 몇 개 더 많은지 구해 보세요.

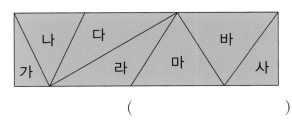

(   )

04 오른쪽 삼각형의 이름이 될 수 있는 것에 모두 ◯표 하세요.

> 예각삼각형   직각삼각형   둔각삼각형
>
> 이등변삼각형   정삼각형

05 삼각형의 세 각 중에서 두 각의 크기를 나타낸 것입니다. 예각삼각형을 모두 찾아 기호를 써 보세요.

> ㉠ 35°, 70°   ㉡ 40°, 50°
> ㉢ 30°, 45°   ㉣ 50°, 60°

(   )

실력 올리기

06 그림에서 찾을 수 있는 크고 작은 둔각삼각형은 모두 몇 개인지 구해 보세요.

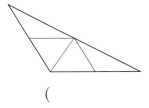

(   )

07 두 각의 크기가 다음과 같은 삼각형은 어떤 삼각형인지 두 가지로 써 보세요.

> 45°, 45°

(   )

07-1 직사각형

• 직사각형: 네 각이 모두 직각인 사각형

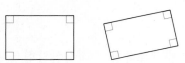 

모양과 크기가 달라도 네 각이 모두 직각이면 직사각형이야.

확인 1 알맞은 말에 ○표 하고, □ 안에 알맞은 말을 써넣으세요.

(한 , 두 , 네) 각이 [   ]인 사각형을 직사각형이라고 합니다.

07-2 직사각형의 성질

① 네 각이 모두 직각입니다.
② 마주 보는 두 변의 길이가 같습니다.

③ 마주 보는 두 쌍의 변이 서로 평행합니다.

확인 2 직사각형입니다. □ 안에 알맞은 수를 써넣으세요.

(1)
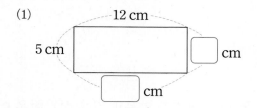

(2)
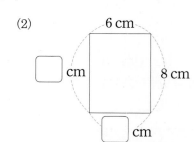

07-3 정사각형

· 정사각형: 네 각이 모두 직각이고 네 변의 길이가 모두 같은 사각형

 정사각형은 네 각이 모두 직각이므로 직사각형이라고 할 수 있어.

확인 3 알맞은 말에 ○표 하고, □ 안에 알맞은 말을 써넣으세요.

(한 , 두 , 네) 각이 [　　　] 이고 (한 , 두 , 네)변의 길이가 모두

[　　　] 사각형을 정사각형이라고 합니다.

07-4 정사각형의 성질

① 네 각이 모두 직각입니다.
② 네 변의 길이가 모두 같습니다.
③ 마주 보는 두 쌍의 변이 서로 평행합니다.

 플러스

· 네 변의 길이가 모두 같아도 네 각이 모두 직각이 아니면 정사각형이 아닙니다.

확인 4 정사각형입니다. □ 안에 알맞은 수를 써넣으세요.

(1)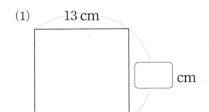

13 cm

[　　] cm

(2)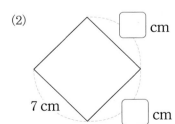

7 cm

[　　] cm

[　　] cm

01 도형을 보고 물음에 답하세요.

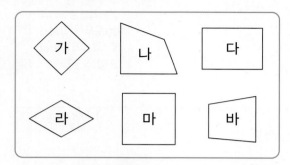

(1) 직사각형을 모두 찾아 기호를 써 보세요.

(   )

(2) 정사각형을 모두 찾아 기호를 써 보세요.

(   )

02 점 종이에 모양과 크기가 다른 직사각형을 2개 그려 보세요.

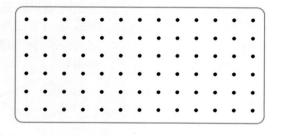

03 주어진 선분을 이용하여 직각 삼각자로 정사각형을 그려 보세요.

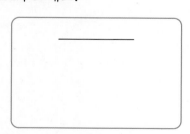

04 가로가 9 cm이고 세로가 13 cm인 직사각형의 네 변의 길이의 합은 몇 cm인지 구해 보세요.

(   )

05 한 변이 7 cm인 정사각형의 네 변의 길이의 합은 몇 cm인지 구해 보세요.

(   )

06 다음에서 설명하는 도형의 이름을 써 보세요.

> • 변과 꼭짓점이 각각 4개씩 있습니다.
> • 4개의 직각이 있습니다.

(   )

07 정사각형과 직사각형의 같은 점이 아닌 것을 찾아 기호를 써 보세요.

> ㉠ 각이 4개 있습니다.
> ㉡ 네 각의 크기가 모두 같습니다.
> ㉢ 네 변의 길이가 모두 같습니다.
> ㉣ 꼭짓점이 4개 있습니다.

(   )

08 모눈종이에 네 변의 길이의 합이 24 cm인 정사각형을 그려 보세요.

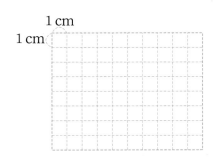

09 도형의 이름으로 알맞은 것을 모두 찾아 기호를 써 보세요.

㉠ 삼각형	㉡ 직사각형
㉢ 사각형	㉣ 직각삼각형
㉤ 정사각형	

( )

10 칠교판 조각으로 TV 모양을 만들었습니다. TV 모양에서 찾을 수 있는 크고 작은 직사각형은 모두 몇 개인지 구해 보세요.

( )

11 가로가 14 cm, 세로가 9 cm인 직사각형 모양의 종이를 그림과 같이 접어 자른 후 접은 부분을 펼쳤을 때, 어떤 도형이 되는지 쓰고 변 ㄱㅁ은 몇 cm인지 구해 보세요.

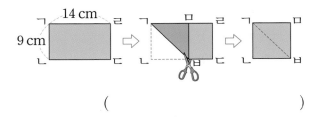

( )

 실력 올리기

12 오른쪽 직사각형과 정사각형의 네 변의 길이의 합이 같을 때, 직사각형의 세로는 몇 cm인지 구해 보세요.

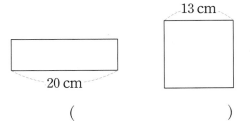

( )

13 오른쪽 그림에서 찾을 수 있는 크고 작은 정사각형은 모두 몇 개인지 구해 보세요.

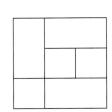

( )

08-1 **사다리꼴**

• 사다리꼴: 평행한 변이 한 쌍이라도 있는 사각형

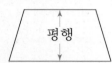

확인 **1** 사다리꼴을 모두 찾아 ○표 하세요.

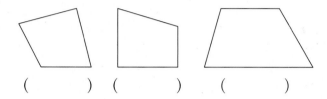

(　　　) (　　　) (　　　)

08-2 **평행사변형**

• 평행사변형: 마주 보는 두 쌍의 변이 서로 평행한 사각형

플러스

• 평행사변형은 두 쌍의 변이 서로 평행하므로 사다리꼴이라고 할 수 있습니다.

확인 **2** 평행사변형을 모두 찾아 ○표 하세요.

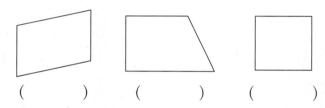

(　　　) (　　　) (　　　)

08-3 **평행사변형의 성질**

① 마주 보는 두 변의 길이가 같습니다.
② 마주 보는 두 각의 크기가 같습니다.
③ 이웃한 두 각의 크기의 합이 180°입니다.
　⇨ (사각형의 네 각의 크기의 합)=■+▲+■+▲=360°이므로
　　■+▲=180°입니다.

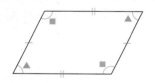

확인 **3** 평행사변형입니다. ☐ 안에 알맞은 수를 써넣으세요.

(1)
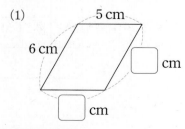

(2)
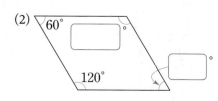

08-4 마름모

• 마름모: 네 변의 길이가 모두 같은 사각형

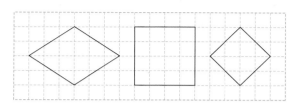

플러스

• 마름모는 두 쌍의 변이 서로 평행하므로 사다리꼴, 평행사변형이라고 할 수 있습니다.

확인 4 길이가 같은 변에 모두 ○표 하고, □ 안에 알맞은 말을 써넣으세요.

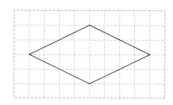

그림과 같이 네 변의 길이가 같은 사각형을 ☐ 라고 합니다.

08-5 마름모의 성질

① 네 변의 길이가 모두 같습니다.
② 마주 보는 두 쌍의 변이 서로 평행합니다.
③ 마주 보는 두 각의 크기가 같습니다.
④ 이웃한 두 각의 크기의 합이 180°입니다.

확인 5 마름모입니다. □ 안에 알맞은 수를 써넣으세요.

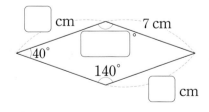

01 도형을 보고 사다리꼴, 평행사변형, 마름모를 모두 찾아 기호를 써 보세요.

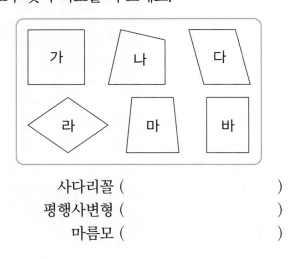

사다리꼴 (   )

평행사변형 (   )

마름모 (   )

02 도형판에서 꼭짓점을 한 개만 옮겨서 사다리꼴을 만들어 보세요.

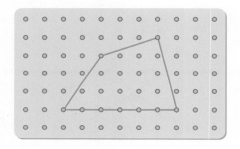

03 직사각형 모양의 종이를 선을 따라 잘랐을 때 잘라낸 도형 중 평행사변형은 모두 몇 개인지 구해 보세요.

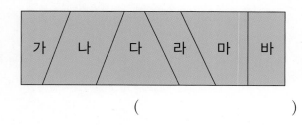

(   )

04 오른쪽 평행사변형에서 ㉠의 각도를 구해 보세요.

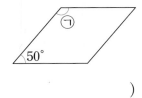

(   )

05 길이가 84 cm인 철사를 모두 사용하여 마름모를 1개 만들었습니다. 마름모의 한 변의 길이는 몇 cm인지 구해 보세요.

(   )

06 평행사변형에 대한 설명이 아닌 것을 모두 찾아 기호를 써 보세요.

㉠ 네 변의 길이가 모두 같습니다.
㉡ 마주 보는 두 각의 크기가 서로 같습니다.
㉢ 마주 보는 두 쌍의 변이 서로 평행합니다.
㉣ 이웃한 두 각의 크기가 같습니다.

(   )

07 오른쪽 마름모에서 ㉠과 ㉡의 각도의 차를 구해 보세요.

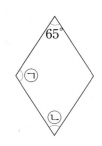

(   )

08 크기가 같은 마름모 2개를 겹치지 않게 이어 붙여 평행사변형을 만들었습니다. 만든 평행사변형의 네 변의 길이의 합은 몇 cm인지 구해 보세요.

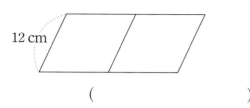

( )

09 평행사변형의 네 변의 길이의 합은 30 cm입니다. 변 ㄱㄹ의 길이는 몇 cm인지 구해 보세요.

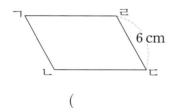

( )

10 평행사변형 ㄱㄴㄷㄹ과 마름모 ㅁㄹㄷㅂ을 이어 붙여 만든 도형입니다. 각 ㄱㄹㅁ의 크기를 구해 보세요.

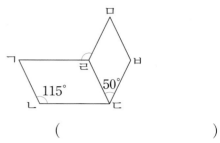

( )

11 그림에서 찾을 수 있는 크고 작은 평행사변형은 모두 몇 개인지 구해 보세요.

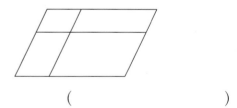

( )

 실력 올리기

12 오른쪽 마름모 ㄱㄴㄷㄹ에서 각 ㄱㄷㄹ의 크기를 구해 보세요.

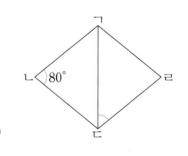

( )

13 오른쪽 사다리꼴을 한 번만 잘라 네 변의 길이의 합이 가장 큰 평행사변형을 만들었습니다. 평행사변형을 만들고 남은 도형의 모든 변의 길이의 합은 몇 cm인지 구해 보세요.

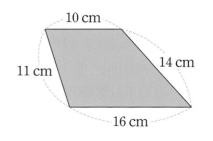

( )

09-1 여러 가지 사각형의 성질

성질	사다리꼴	평행사변형	마름모	직사각형	정사각형
평행한 변이 있습니다.	○	○	○	○	○
마주 보는 두 쌍의 변이 서로 평행합니다.		○	○	○	○
네 변의 길이가 모두 같습니다.			○		○
네 각이 모두 직각입니다.				○	○
네 변의 길이가 모두 같고 네 각이 모두 직각입니다.					○

확인 1 사각형을 분류하여 빈칸에 알맞은 기호를 써 보세요.

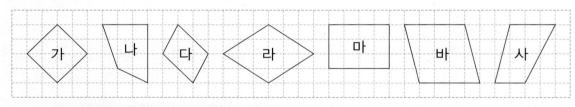

평행한 변이 있는 사각형	
두 쌍의 변이 서로 평행한 사각형	
네 변의 길이가 모두 같은 사각형	
네 변의 길이가 모두 같고 네 각이 모두 직각인 사각형	

09-2 여러 가지 사각형 사이의 관계

사각형 → (한 쌍의 변이 평행) → 사다리꼴 → (두 쌍의 변이 평행) → 평행사변형 → (네 변의 길이가 모두 같음) → 마름모 → (네 각이 모두 직각) → 정사각형

평행사변형 → (네 각이 모두 직각) → 직사각형 → (네 변의 길이가 모두 같음) → 정사각형

확인 2 사각형에 대한 설명입니다. 옳은 것에 ○표, 틀린 것에 ✕표 하세요.

(1) 사다리꼴은 평행사변형이라고 할 수 있습니다.　　　(　　　　)

(2) 마름모는 사다리꼴이라고 할 수 있습니다.　　　　　(　　　　)

(3) 직사각형은 정사각형이라고 할 수 있습니다.　　　　(　　　　)

(4) 정사각형은 마름모라고 할 수 있습니다.　　　　　　(　　　　)

01 직사각형 모양의 종이를 선을 따라 잘랐습니다. 잘라낸 도형을 분류하여 빈칸에 알맞은 기호를 써 보세요.

가	나	다	라	마 / 바	사

사다리꼴	
평행사변형	
마름모	
직사각형	
정사각형	

02 오른쪽 막대로 만들 수 있는 사각형의 이름에 모두 ○표 하세요.

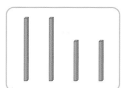

사다리꼴   평행사변형   마름모
직사각형   정사각형

03 직사각형에 대한 설명으로 틀린 것을 찾아 기호를 써 보세요.

> ㉠ 정사각형이라고 할 수 없습니다.
> ㉡ 사다리꼴이라고 할 수 있습니다.
> ㉢ 평행사변형이라고 할 수 없습니다.
> ㉣ 마름모라고 할 수 없습니다.

( )

04 다음을 만족하는 사각형의 이름을 모두 써 보세요.

> • 마주 보는 두 쌍의 변이 서로 평행합니다.
> • 네 각의 크기가 모두 같습니다.

( )

05 그림과 같이 직사각형 모양의 종이를 접어서 자른 후 빗금 친 부분을 펼쳤을 때 만들어진 사각형의 이름이 될 수 없는 것을 모두 골라 기호를 써 보세요.

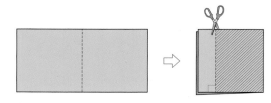

> ㉠ 사다리꼴   ㉡ 평행사변형   ㉢ 마름모
> ㉣ 직사각형   ㉤ 정사각형

( )

실력 올리기

06 다음을 모두 만족하는 도형의 이름을 쓰고, 이 도형을 서로 다르게 2개 그려 보세요.

> • 마주 보는 두 쌍의 변이 서로 평행한 사각형입니다.
> • 마름모라고 할 수 있습니다.
> • 직사각형이라고 할 수 있습니다.

( )

01 주어진 점을 이용하여 선분 ㄱㄴ, 반직선 ㅂㄹ, 직선 ㄷㅁ을 그어 보세요.

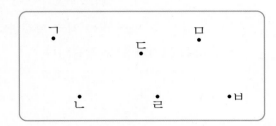

02 각의 수가 적은 순서대로 기호를 써 보세요.

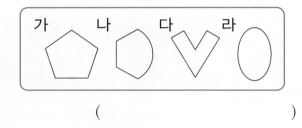

( )

03 도형에서 직각인 곳을 모두 찾아 ∟_로 표시해 보세요.

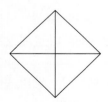

04 평행선은 모두 몇 쌍인지 구해 보세요.

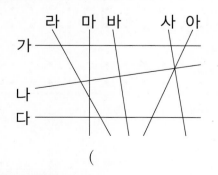

( )

05 정사각형 모양의 종이를 그림과 같이 점선을 따라 잘랐을 때 만들어지는 직각삼각형은 모두 몇 개인지 구해 보세요.

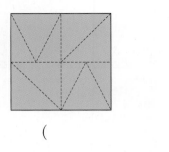

( )

06 주어진 선분을 한 변으로 하는 예각삼각형과 둔각삼각형을 그리려고 합니다. 예각삼각형과 둔각삼각형이 되는 점을 각각 모두 찾아 기호를 쓰세요.

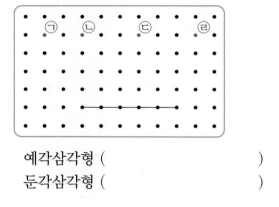

예각삼각형 ( )

둔각삼각형 ( )

07 두 직각 삼각자를 겹쳐서 ㉠을 만들었습니다. ㉠의 각도를 구해 보세요.

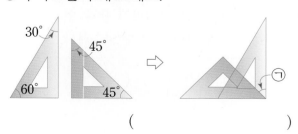

( )

08 다음 중 틀린 것을 찾아 기호를 써 보세요.

> ㉠ 한 점을 지나고 한 직선에 수직인 직선은 1개입니다.
> ㉡ 평행한 두 직선은 서로 만나지 않습니다.
> ㉢ 한 직선에 평행한 직선은 1개입니다.
> ㉣ 한 직선에 수직인 두 직선은 평행합니다.

( )

09 시계의 긴바늘과 짧은바늘이 이루는 작은 쪽의 각의 크기가 가장 큰 것은 어느 것인가요?

( )

① 1시   ② 3시   ③ 5시
④ 8시   ⑤ 10시

10 직선 가, 나, 다는 서로 평행합니다. 직선 가와 직선 다 사이의 거리는 몇 cm인지 구해 보세요.

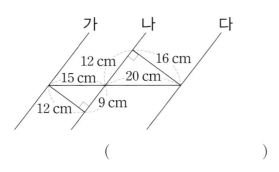

( )

11 ㉠의 각도를 구해 보세요.

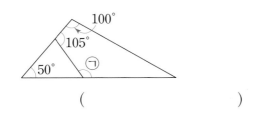

( )

12 그림과 같은 삼각형의 이름이 될 수 있는 것을 모두 찾아 기호를 써 보세요.

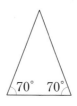

> ㉠ 예각삼각형
> ㉡ 둔각삼각형
> ㉢ 직각삼각형
> ㉣ 이등변삼각형
> ㉤ 정삼각형

( )

13 오른쪽 직사각형을 한 번만 잘라 가장 큰 정사각형을 만들었습니다. 만든 정사각형의 네 변의 길이의 합은 몇 cm인지 구해 보세요.

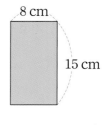

( )

14 사각형 ㄱㄴㄷㄹ은 평행사변형입니다. ㉠의 각도를 구해 보세요.

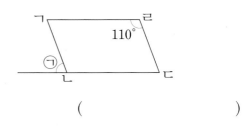

( )

15 각 ㄱㅂㄴ의 크기를 구해 보세요.

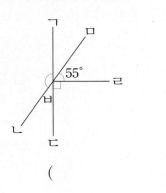

(   )

16 오른쪽 사각형의 이름으로 알맞은 것을 모두 찾아 기호를 써 보세요.

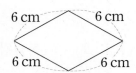

┌─────────────────────────────┐
│ ㉠ 직사각형　　　 ㉡ 정사각형 │
│ ㉢ 사다리꼴　　　 ㉣ 평행사변형 │
│ ㉤ 마름모 │
└─────────────────────────────┘

(   )

17 그림에서 찾을 수 있는 크고 작은 사다리꼴은 모두 몇 개인지 구해 보세요.

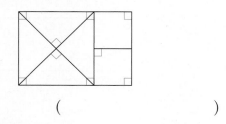

(   )

18 직선 가와 직선 나는 서로 평행합니다. ㉠의 각도를 구해 보세요.

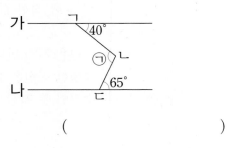

(   )

19 세 변의 길이의 합이 25 cm인 이등변삼각형과 마름모를 겹치지 않게 이어 붙여 사다리꼴을 만들었습니다. 사다리꼴의 네 변의 길이의 합은 몇 cm인지 구해 보세요.

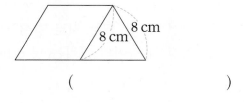

(   )

20 평행사변형 ㄱㄴㄷㄹ에서 삼각형 ㄱㄴㅁ은 변 ㄱㄴ과 변 ㄱㅁ의 길이가 같은 이등변삼각형입니다. 각 ㄹㄱㅁ의 크기를 구해 보세요.

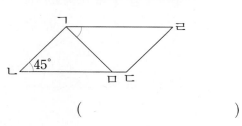

(   )

평면도형(2)

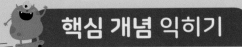
10-1 다각형

- 다각형: 선분으로만 둘러싸인 도형
- 다각형은 변의 수에 따라 변이 ●개이면 ●각형이라고 부릅니다.

다각형	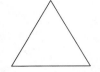		
변의 수	6개	7개	8개
이름	육각형	칠각형	팔각형

플러스
- 다각형이 아닌 도형
  곡선이 포함된 도형

  선분으로 완전히 둘러싸여 있지 않은 도형

확인 1 그림과 같이 선분으로만 둘러싸인 도형을 무엇이라고 하는지 써 보세요.

(   )

10-2 정다각형

- 정다각형: 변의 길이가 모두 같고, 각의 크기가 모두 같은 다각형

정다각형			
변의 수	3개	4개	5개
이름	정삼각형	정사각형	정오각형

플러스
- 정다각형이 아닌 다각형
  변의 길이는 모두 같지만 각의 크기가 모두 같지 않은 도형

  각의 크기는 모두 같지만 변의 길이가 모두 같지 않은 도형

확인 2 정다각형을 모두 찾아 기호를 써 보세요.

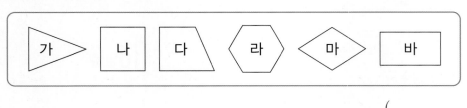

(   )

[01~02] 도형을 보고 물음에 답하세요.

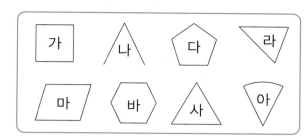

01 다각형을 모두 찾아 기호를 써 보세요.

(　　　　　　　　　)

02 정다각형을 모두 찾아 기호를 써 보세요.

(　　　　　　　　　)

03 빈칸에 알맞은 도형의 이름을 써 보세요.

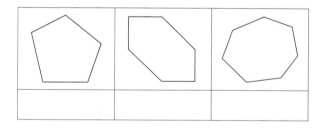

04 점 종이에 그려진 선분을 이용하여 다각형을 완성해 보세요.

오각형 　　　　　　　　　팔각형

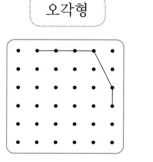 　　　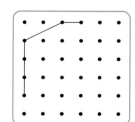

05 정다각형입니다. □ 안에 알맞은 수를 써넣으세요.

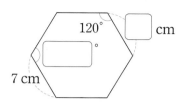

06 도형을 이루고 있는 작은 모양 조각 중 정다각형을 찾아 색칠해 보고, 색칠한 모양 조각의 이름을 모두 써 보세요.

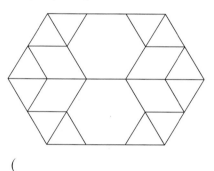

(　　　　　　　　　)

실력 올리기

07 ㉠과 ㉡의 합은 몇 개인지 구해 보세요.

㉠ 정칠각형의 각의 수
㉡ 십이각형의 변의 수

(　　　　　　　　　)

08 도형의 이름을 써 보세요.

• 선분으로만 둘러싸여 있습니다.
• 변이 9개이고 길이가 모두 같습니다.
• 각의 크기가 모두 같습니다.

(　　　　　　　　　)

11-1 대각선

- 대각선: 다각형에서 서로 이웃하지 않은 두 꼭짓점을 이은 선분

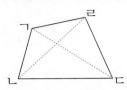

⇨ 대각선: 선분 ㄱㄷ, 선분 ㄴㄹ

> 삼각형은 모든 꼭짓점이 서로 이웃하므로 대각선을 그을 수 없어.

- 다각형에서 대각선의 수 구하기

다각형	삼각형	사각형	오각형	육각형	칠각형
한 꼭짓점에서 그을 수 있는 대각선의 수	0	1 (4−3)	2 (5−3)	3 (6−3)	4 (7−3)
전체 대각선의 수	0	2 (1×4÷2)	5 (2×5÷2)	9 (3×6÷2)	14 (4×7÷2)

한 꼭짓점에서 그을 수 있는 대각선의 수 ─┐

$$(\blacksquare각형의\ 대각선의\ 수) = (\blacksquare - 3) \times \blacksquare \div 2$$

한 대각선을 2번씩 세었으므로 2로 나눕니다.

확인 1 다각형에 대각선을 모두 그어 보세요.

> 꼭짓점의 수가 많은 다각형일수록 더 많은 대각선을 그을 수 있어.

(1)

(2)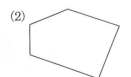

11-2 사각형에서 대각선의 성질

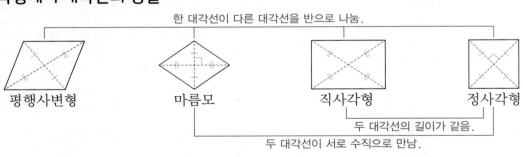

한 대각선이 다른 대각선을 반으로 나눔.

평행사변형 　　 마름모 　　 직사각형 　　 정사각형

두 대각선의 길이가 같음.

두 대각선이 서로 수직으로 만남.

확인 2 두 대각선의 길이가 같은 사각형에 ○표 하세요.

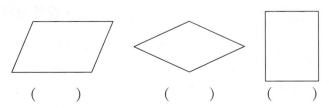

(　) 　　 (　) 　　 (　)

[01~02] 도형을 보고 물음에 답하세요.

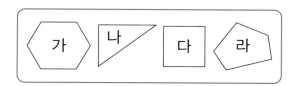

01 대각선을 그을 수 없는 도형을 찾아 기호를 써 보세요.

( )

02 대각선의 수가 많은 순서대로 기호를 써 보세요.

( )

03 두 대각선이 서로 수직으로 만나는 도형을 모두 찾아 기호를 써 보세요.

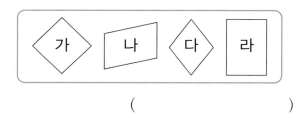

( )

04 직사각형에서 선분 ㄱㄷ의 길이는 몇 cm인지 구해 보세요.

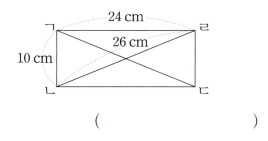

( )

05 다음에서 설명하는 도형의 대각선의 수를 구해 보세요.

7개의 선분으로만 둘러싸인 다각형입니다.

( )

06 두 사각형에 그은 대각선의 공통점을 모두 찾아 기호를 써 보세요.

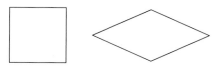

㉠ 두 대각선의 길이가 같습니다.
㉡ 두 대각선이 서로 수직으로 만납니다.
㉢ 한 대각선이 다른 대각선을 똑같이 둘로 나눕니다.

( )

07 오각형과 정구각형의 대각선 수의 차는 몇 개인지 구해 보세요.

( )

실력 올리기

08 오른쪽 정사각형에서 각 ㄹㅁㄷ의 크기와 선분 ㄴㄹ의 길이를 차례로 구해 보세요.

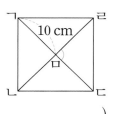

( )

09 오른쪽 평행사변형에서 삼각형 ㄱㅁㄹ의 세 변의 길이의 합은 몇 cm인지 구해 보세요.

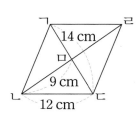

( )

12-1 다각형의 모든 각의 크기의 합

다각형	삼각형	사각형	오각형
한 꼭짓점에서 대각선을 모두 그어 만들 수 있는 삼각형의 수	1 └3-2	2 └4-2	3 └5-2
모든 각의 크기의 합	180°	180°×2=360°	180°×3=540°

(■각형의 모든 각의 크기의 합)=180°×(■-2)

└ 한 꼭짓점에서 대각선을 모두 그을 때 생기는 삼각형의 수

➕ 플러스

- 오각형의 모든 각의 크기의 합은 삼각형과 사각형으로 나누어 구할 수도 있습니다.

⇨ 180°+360°=540°

확인 1 육각형의 모든 각의 크기의 합을 구하려고 합니다. ☐ 안에 알맞은 수를 써넣으세요.

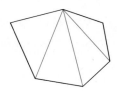

(육각형의 모든 각의 크기의 합)

$=180° \times (\boxed{} - 2) = \boxed{}°$

12-2 정다각형의 한 각의 크기

(정■각형의 한 각의 크기)=(정■각형의 모든 각의 크기의 합)÷■

=180°×(■-2)÷■

└ 정■각형은 ■개의 각의 크기가 모두 같습니다.

예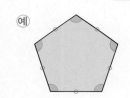

(정오각형의 한 각의 크기)

=(정오각형의 모든 각의 크기의 합)÷5

=180°×(5-2)÷5

=108°

확인 2 정육각형의 한 각의 크기를 구하려고 합니다. ☐ 안에 알맞은 수를 써넣으세요.

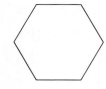

$(모든\ 각의\ 크기의\ 합)=180° \times \boxed{} = \boxed{}°$

$(한\ 각의\ 크기)=\boxed{}° \div \boxed{} = \boxed{}°$

01 다각형의 모든 각의 크기의 합을 구해 보세요.

(1) 구각형 ( )

(2) 십일각형 ( )

02 정다각형의 한 각의 크기는 몇 도인지 구해 보세요.

( )

03 칠각형에서 ㉠의 각도를 구해 보세요.

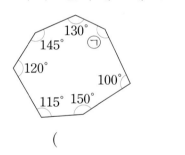

( )

04 그림은 정육각형의 한 변을 길게 늘인 것입니다. ㉠의 각도를 구해 보세요.

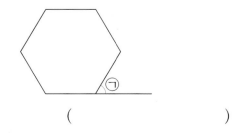

( )

05 한 변이 3 cm이고 모든 변의 길이의 합이 30 cm인 정다각형이 있습니다. 이 도형의 한 각의 크기를 구해 보세요.

( )

06 그림은 평행사변형과 정오각형을 겹치지 않게 이어 붙인 것입니다. ㉠과 ㉡의 각도의 차는 몇 도인지 구해 보세요.

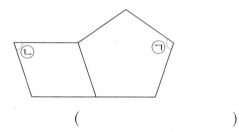

( )

실력 올리기

07 육각형 ㄱㄴㄷㄹㅁㅂ은 정육각형입니다. 변 ㄱㄴ과 변 ㄹㄷ을 직선으로 길게 늘여 만나는 점을 ㅅ이라고 할 때 삼각형 ㄴㅅㄷ은 어떤 삼각형인지 모두 골라 기호를 써 보세요.

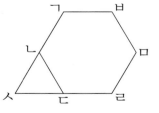

㉠ 예각삼각형	㉡ 직각삼각형
㉢ 둔각삼각형	㉣ 이등변삼각형
㉤ 정삼각형	

( )

13-1 정다각형의 둘레

$$(\text{정다각형의 둘레})=(\text{한 변의 길이})\times(\text{변의 수})$$

둘레는 사물이나
도형의 테두리와
그 길이를 모두 뜻해.

(예)
5 cm

(정삼각형의 둘레)
$=5\times3=15\,(\text{cm})$

5 cm

(정사각형의 둘레)
$=5\times4=20\,(\text{cm})$

확인 1 정다각형의 둘레를 구하려고 합니다. 빈칸에 알맞은 수를 써넣으세요.

	한 변의 길이(cm)	변의 수(개)	둘레(cm)
정오각형	4		
정팔각형	5		

13-2 사각형의 둘레

• 직사각형의 둘레

$$(\text{직사각형의 둘레})$$
$$=(\text{가로}\times2)+(\text{세로}\times2)$$
$$=(\text{가로}+\text{세로})\times2$$

(예)
5 cm
2 cm

(직사각형의 둘레)
$=5\times2+2\times2$
$=(5+2)\times2=14\,(\text{cm})$

• 평행사변형의 둘레

$$(\text{평행사변형의 둘레})$$
$$=(\text{한 변의 길이}\times2)$$
$$\quad+(\text{다른 한 변의 길이}\times2)$$
$$=(\text{한 변의 길이}$$
$$\quad+\text{다른 한 변의 길이})\times2$$

(예)
4 cm
3 cm

(평행사변형의 둘레)
$=4\times2+3\times2$
$=(4+3)\times2=14\,(\text{cm})$

• 마름모의 둘레

$$(\text{마름모의 둘레})$$
$$=(\text{한 변의 길이})\times4$$

(예)
5 cm

(마름모의 둘레)
$=5\times4=20\,(\text{cm})$

확인 2 사각형의 둘레를 구하려고 합니다. ☐ 안에 알맞은 수를 써넣으세요.

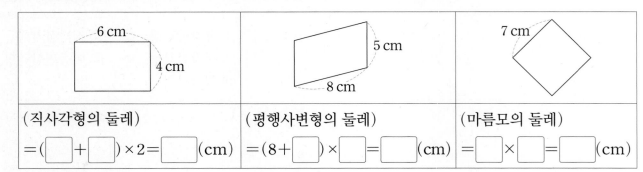

6 cm
4 cm

5 cm
8 cm

7 cm

(직사각형의 둘레)
$=(\boxed{}+\boxed{})\times2=\boxed{}\,(\text{cm})$

(평행사변형의 둘레)
$=(8+\boxed{})\times\boxed{}=\boxed{}\,(\text{cm})$

(마름모의 둘레)
$=\boxed{}\times\boxed{}=\boxed{}\,(\text{cm})$

13-3 직각으로 이루어진 도형의 둘레 (1)

변의 위치를 평행하게 옮겨서 직사각형으로 바꾸어 둘레를 구할 수 있습니다.

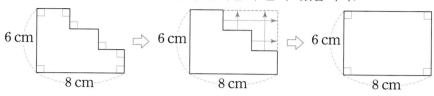

(도형의 둘레)=(직사각형의 둘레)=(8+6)×2=28 (cm)

확인 3 오른쪽 도형의 둘레는 몇 cm인지 구해 보세요.

(   )

13-4 직각으로 이루어진 도형의 둘레 (2)

직각으로 움푹 파인 도형의 둘레를 구할 때에는 변의 위치를 평행하게 옮겨서 직사각형으로 바꾼 다음, 그림과 같이 파란색 부분을 더해서 구할 수 있습니다.

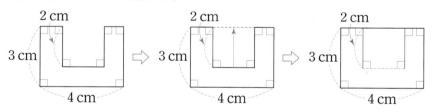

(도형의 둘레)=(직사각형의 둘레)+(파란색 선분의 길이의 합)

=(3+4)×2+2×2=18(cm)

확인 4 오른쪽 도형의 둘레는 몇 cm인지 구해 보세요.

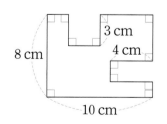

(   )

01 정다각형의 둘레가 112 cm일 때 한 변의 길이는 몇 cm인지 구해 보세요.

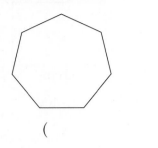

(   )

02 한 변이 3 cm이고, 둘레가 48 cm인 정다각형의 이름은 무엇인지 써 보세요.

(   )

03 직사각형과 둘레가 같은 정사각형의 한 변의 길이는 몇 cm인지 구해 보세요.

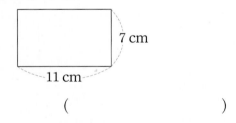

(   )

04 평행사변형의 둘레는 한 변이 10 cm인 정오각형의 둘레와 같습니다. 변 ㄱㄴ의 길이는 몇 cm인지 구해 보세요.

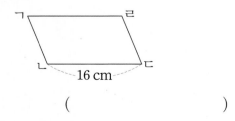

(   )

05 정다각형을 겹치지 않게 이어 붙여 만든 도형입니다. 도형의 둘레는 몇 cm인지 구해 보세요.

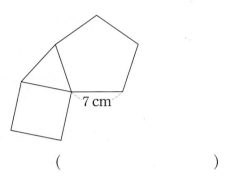

(   )

06 도형의 둘레는 몇 cm인지 구해 보세요.

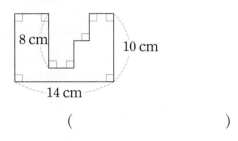

(   )

07 평행사변형과 정육각형을 겹치지 않게 이어 붙여 만든 도형입니다. 도형의 둘레가 62 cm일 때 정육각형의 한 변의 길이는 몇 cm인지 구해 보세요.

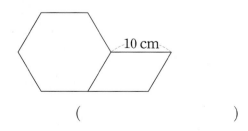

(   )

08 그림과 같이 직사각형 모양의 종이에서 정사각형 모양의 종이를 3장 잘라내었습니다. 잘라내고 남은 도형의 둘레는 몇 cm인지 구해 보세요.

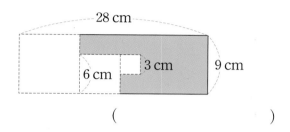

( )

09 도형의 둘레는 몇 cm인지 구해 보세요.

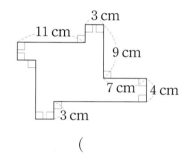

( )

10 정사각형을 그림과 같이 크기와 모양이 같은 직사각형 5개로 나누었습니다. 작은 직사각형 한 개의 둘레가 24 cm일 때, 정사각형의 둘레는 몇 cm인지 구해 보세요.

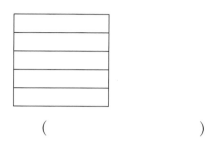

( )

11 한 변이 3 cm인 정사각형을 겹치지 않게 이어 붙여 만든 도형입니다. 도형의 둘레는 몇 cm인지 구해 보세요.

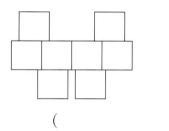

( )

실력 올리기

12 한 변이 10 cm인 정팔각형과 둘레가 같고 세로가 가로보다 4 cm 더 긴 직사각형의 가로는 몇 cm인지 구해 보세요.

( )

13 오른쪽 그림은 한 변의 길이가 모두 같은 정삼각형과 정사각형을 겹치지 않게 이어 붙여 만든 도형입니다. 도형의 둘레가 66 cm일 때 정삼각형의 한 변의 길이는 몇 cm인지 구해 보세요.

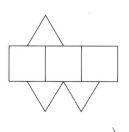

( )

14-1 넓이의 단위 알아보기

• 넓이의 단위

1 cm²	1 m²	1 km²
한 변의 길이가 1 cm인 정사각형의 넓이	한 변의 길이가 1 m인 정사각형의 넓이	한 변의 길이가 1 km인 정사각형의 넓이
1 cm 1 cm 1 cm² 1 cm^2	1 m 1 m 1 m² 1 m^2	1 km 1 km 1 km² 1 km^2
읽기 1 제곱센티미터	읽기 1 제곱미터	읽기 1 제곱킬로미터

• 넓이 단위 사이의 관계

(1) 1 m²와 1 cm²의 관계

1 cm^2 1 m 1 m 100 cm 100 cm

1 m²에는 1 cm²가 한 줄에 100개씩 100줄 들어갑니다.

$$1 \text{ m}^2 = 10000 \text{ cm}^2$$

(2) 1 km²와 1 m²의 관계

1 km 1 km 1000 m 1000 m

1 km²에는 1 m²가 한 줄에 1000개씩 1000줄 들어갑니다.

$$1 \text{ km}^2 = 1000000 \text{ m}^2$$

확인 **1** 도형 가, 나의 넓이는 몇 cm²인지 구해 보세요.

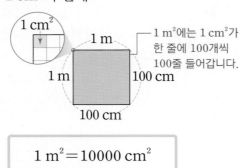

1 cm²

가 (   )

나 (   )

확인 **2** 1 m² 단위넓이를 이용하여 도형의 넓이를 구해 보세요.

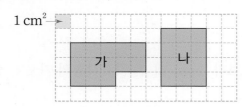

(1) 5 m 400 cm

(   ) m²

(2) 3 m 300 cm

(   ) m²

확인 **3** □ 안에 알맞은 수를 써넣으세요.

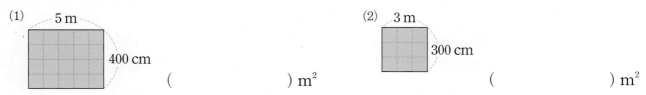

(1) 40 m² = ☐ cm²

(2) 7 km² = ☐ m²

14-2 직사각형의 넓이

- 직사각형의 넓이

$$(직사각형의 넓이) = (가로) \times (세로)$$

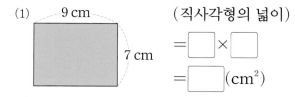

예   (직사각형의 넓이)
$$= 6 \times 4$$
$$= 24 (cm^2)$$

- 정사각형의 넓이

$$(정사각형의 넓이)$$
$$= (한 변의 길이) \times (한 변의 길이)$$

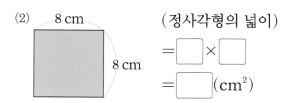

예   (정사각형의 넓이)
$$= 5 \times 5$$
$$= 25 (cm^2)$$

확인 **4** 직사각형의 넓이를 구하려고 합니다. □ 안에 알맞은 수를 써넣으세요.

(1)

9 cm
7 cm

(직사각형의 넓이)
$$= \boxed{} \times \boxed{}$$
$$= \boxed{} (cm^2)$$

(2)

8 cm
8 cm

(정사각형의 넓이)
$$= \boxed{} \times \boxed{}$$
$$= \boxed{} (cm^2)$$

14-3 직각으로 이루어진 도형의 넓이

- 직사각형을 이용하여 넓이 구하기

방법 **1** 몇 개의 직사각형으로 나누기

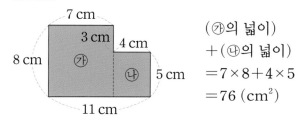

(㉮의 넓이)
$$+ (㉯의 넓이)$$
$$= 7 \times 8 + 4 \times 5$$
$$= 76 (cm^2)$$

방법 **2** 큰 직사각형에서 작은 직사각형을 빼기

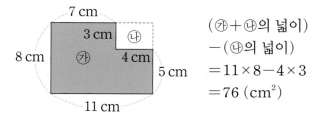

(㉮ + ㉯의 넓이)
$$- (㉰의 넓이)$$
$$= 11 \times 8 - 4 \times 3$$
$$= 76 (cm^2)$$

- 하나의 도형으로 만들어 넓이 구하기

색칠한 부분을 모아서 하나의 직사각형으로 만들어 구합니다.

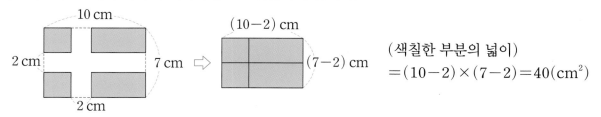

(색칠한 부분의 넓이)
$$= (10 - 2) \times (7 - 2) = 40 (cm^2)$$

확인 **5** 색칠한 부분의 넓이를 구해 보세요.

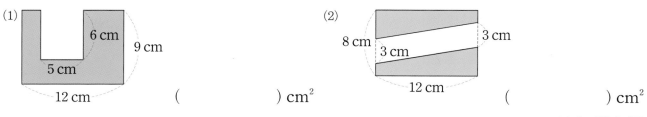

(1)

6 cm
9 cm
5 cm
12 cm

(   ) cm²

(2)

8 cm
3 cm
3 cm
12 cm

(   ) cm²

01 단위넓이를 이용하여 넓이가 넓은 순서대로 기호를 써 보세요.

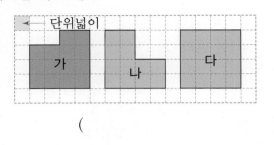

(   )

02 가로가 12 m, 세로가 700 cm인 직사각형 모양의 땅의 넓이는 몇 m²인지 구해 보세요.

(   )

03 둘레가 48 cm인 정사각형의 넓이는 몇 cm²인지 구해 보세요.

(   )

04 직사각형의 넓이가 다음과 같을 때 □ 안에 알맞은 수를 써넣으세요.

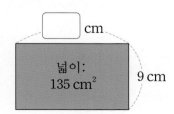

05 색칠한 부분의 넓이는 몇 cm²인지 구해 보세요.

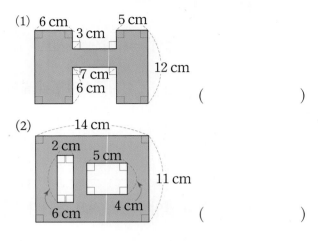

(1)

(   )

(2)

(   )

06 직사각형 모양의 밭에 그림과 같이 폭이 일정한 길을 만들었습니다. 길을 제외한 나머지 부분의 넓이는 몇 m²인지 구해 보세요.

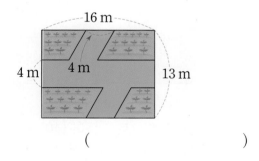

(   )

07 넓이가 18 m²인 직사각형 모양의 나무 판이 있습니다. 이 나무 판의 세로가 300 cm라면, 가로는 몇 cm인지 구해 보세요.

(   )

08 색칠한 부분의 넓이는 몇 cm²인지 구해 보세요.

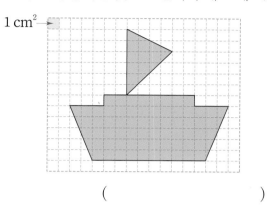

1 cm²

(   )

09 가로가 25 m, 세로가 9 m인 직사각형 모양의 꽃밭과 넓이가 같은 정사각형 모양의 잔디밭이 있습니다. 이 잔디밭의 둘레는 몇 m인지 구해 보세요.

(   )

10 크기가 같은 정사각형을 겹치지 않게 이어 붙여 다음과 같은 도형을 만들었습니다. 만든 도형의 넓이가 112 cm²일 때 이 도형의 둘레는 몇 cm인지 구해 보세요.

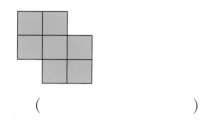

(   )

11 도형의 넓이가 81 cm²일 때 ㉠은 몇 cm인지 구해 보세요.

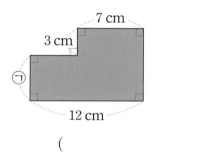

7 cm
3 cm
㉠
12 cm

(   )

실력 올리기

12 오른쪽 그림에서 색칠한 부분의 넓이는 몇 m²인지 구해 보세요.

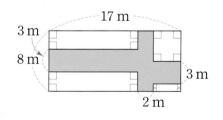

17 m
3 m
8 m
3 m
2 m

(   )

13 오른쪽 그림과 같이 크기가 같은 두 정사각형을 겹쳐 놓았습니다. 색칠한 부분의 넓이는 몇 cm²인지 구해 보세요.

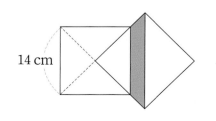

14 cm

(   )

15-1 평행사변형의 밑변과 높이

· 밑변: 평행사변형에서 평행한 두 변
· 높이: 두 밑변 사이의 거리

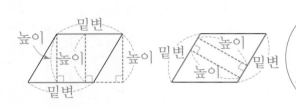

· 평행사변형의 밑변은 밑에 있는 변이나 고정된 변이 아닌 기준이 되는 변이며, 높이는 밑변에 따라 정해집니다.

확인 1 밑변이 다음과 같을 때 평행사변형의 높이를 표시해 보세요.

(1)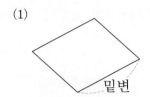

(2)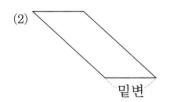

15-2 평행사변형의 넓이

평행사변형을 직사각형으로 바꾸어 넓이를 구할 수 있습니다.

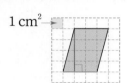

$$（평행사변형의 넓이）＝（직사각형의 넓이）$$
$$＝（가로）×（세로）$$
$$＝（밑변의 길이）×（높이）$$

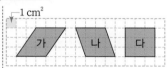
플러스

(가의 넓이)
＝(나의 넓이)
＝(다의 넓이)
＝3×3＝9(cm²)
⇨ 밑변의 길이와 높이가 같은 평행사변형의 넓이는 모두 같습니다.

확인 2 평행사변형의 넓이를 구하려고 합니다. ☐ 안에 알맞은 수를 써넣으세요.

(1)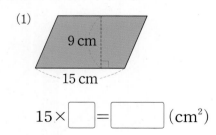

(2)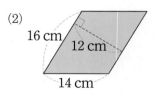

$$15×\boxed{}=\boxed{}（cm^2）$$

$$\boxed{}×12=\boxed{}（cm^2）$$

15-3 삼각형의 밑변과 높이

- 밑변: 삼각형에서 한 변
- 높이: 밑변과 마주 보는 꼭짓점에서 밑변에 수직으로 그은 선분의 길이

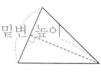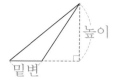

➕ 플러스

- 삼각형에서 밑변은 고정된 변이 아닌 기준이 되는 변이고, 높이는 밑변에 따라 정해집니다.

확인 3 높이가 다음과 같을 때 삼각형의 밑변을 표시해 보세요.

(1)

(2) 높이

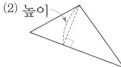

15-4 삼각형의 넓이

- 삼각형 2개를 붙여서 넓이 구하기

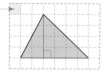 ⇨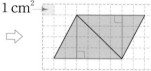

$$(삼각형의 \ 넓이) = (평행사변형의 \ 넓이) \div 2$$
$$= (밑변의 \ 길이) \times (높이) \div 2$$

- 삼각형을 잘라서 넓이 구하기

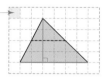 ⇨

$$(삼각형의 \ 넓이) = (평행사변형의 \ 넓이)$$
$$= (밑변의 \ 길이) \times (높이) \div 2$$

➕ 플러스

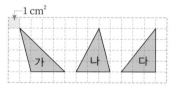

(가의 넓이)
= (나의 넓이)
= (다의 넓이)
$= 3 \times 4 \div 2 = 6 (cm^2)$

⇨ 밑변의 길이와 높이가 같은 삼각형의 넓이는 모두 같습니다.

확인 4 삼각형의 넓이를 구하려고 합니다. ☐ 안에 알맞은 수를 써넣으세요.

(1)

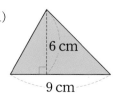

6 cm
9 cm

$9 \times \boxed{} \div \boxed{} = \boxed{} \ (cm^2)$

(2)

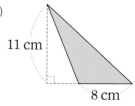

11 cm
8 cm

$\boxed{} \times 11 \div \boxed{} = \boxed{} \ (cm^2)$

01 평행사변형과 삼각형의 높이는 각각 몇 cm인지 써 보세요.

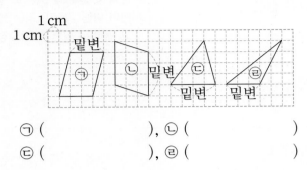

ㄱ (   ), ㄴ (   )

ㄷ (   ), ㄹ (   )

02 주어진 평행사변형과 넓이가 같고 모양이 다른 평행사변형을 2개 그려 보세요.

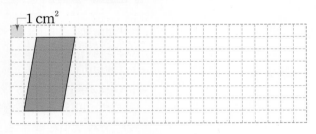

03 넓이가 6 cm²이고 모양이 다른 삼각형을 2개 그려 보세요.

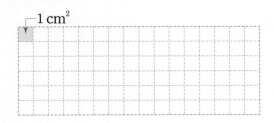

04 평행사변형의 넓이는 몇 cm²인지 구해 보세요.

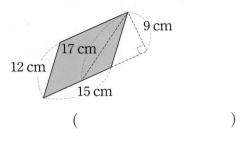

(   )

05 두 삼각형의 넓이의 차는 몇 cm²인지 구해 보세요.

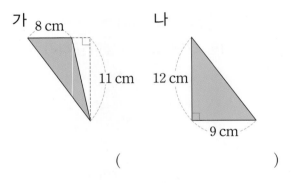

(   )

06 ☐ 안에 알맞은 수를 써넣으세요.

(1) 평행사변형

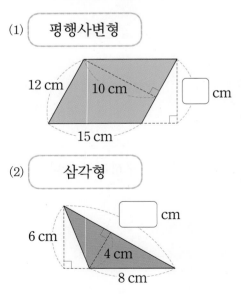

(2) 삼각형

07 넓이가 221 cm²인 평행사변형의 높이가 17 cm일 때 밑변의 길이는 몇 cm인지 구해 보세요.

(   )

08 평행사변형과 삼각형의 넓이가 같을 때 삼각형의 밑변의 길이는 몇 cm인지 구해 보세요.

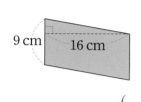 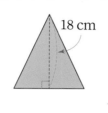

(   )

09 한 변이 18 cm인 정사각형과 넓이가 같은 평행사변형이 있습니다. 이 평행사변형의 밑변이 12 cm일 때, 높이는 몇 cm인지 구해 보세요.

(   )

10 삼각형 가와 나의 밑변의 길이는 같습니다. 가의 넓이가 20 cm²일 때, 나의 넓이는 몇 cm²인지 구해 보세요.

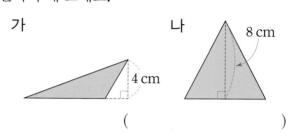

(   )

11 평행사변형의 둘레는 48 cm입니다. 평행사변형의 넓이는 몇 cm²인지 구해 보세요.

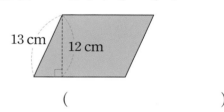

(   )

실력 올리기

12 오른쪽 그림은 평행사변형 모양의 종이에서 폭이 일정하게 잘라낸 것입니다. 잘라내고 남은 종이의 넓이는 몇 cm²인지 구해 보세요.

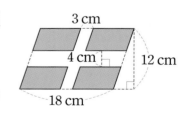

(   )

13 오른쪽 그림에서 직선 ㄱㄴ과 직선 ㄷㄹ은 서로 평행하고, 가와 나는 평행사변형입니다. 가의 넓이는 나의 넓이의 몇 배인지 구해 보세요.

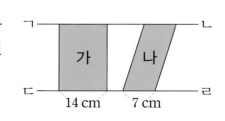

(   )

16-1 마름모의 넓이

• 마름모를 잘라서 넓이 구하기

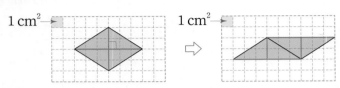

(마름모의 넓이) = (평행사변형의 넓이)
= (밑변의 길이) × (높이)
= (한 대각선의 길이) × (다른 대각선의 길이) ÷ 2

• 직사각형을 이용하여 넓이 구하기

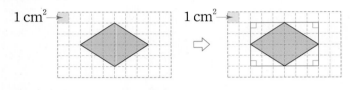

(마름모의 넓이) = (직사각형의 넓이) ÷ 2
= (가로) × (세로) ÷ 2
= (한 대각선의 길이) × (다른 대각선의 길이) ÷ 2

확인 **1** 마름모를 모양과 크기가 같은 삼각형으로 잘라서 평행사변형을 만들었습니다. ☐ 안에 알맞은 수를 써넣으세요.

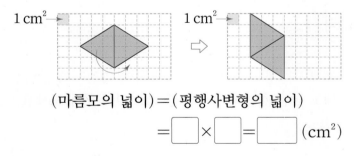

(마름모의 넓이) = (평행사변형의 넓이)

= ☐ × ☐ = ☐ (cm²)

확인 **2** 직사각형을 이용하여 마름모의 넓이를 구하려고 합니다. ☐ 안에 알맞은 수를 써넣으세요.

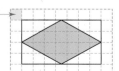

(마름모의 넓이) = (직사각형의 넓이) ÷ 2

= ☐ × ☐ ÷ 2 = ☐ (cm²)

16-2 사다리꼴의 구성 요소

• 밑변: 사다리꼴에서 평행한 두 변(한 밑변: 윗변, 다른 밑변: 아랫변)
• 높이: 두 밑변 사이의 거리

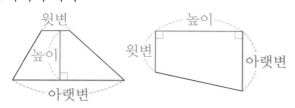

플러스
• 사다리꼴에서 윗변과 아랫변은 서로 평행하고, 이 두 변과 높이는 서로 수직입니다.

확인 3 사다리꼴의 아랫변이 다음과 같을 때 윗변과 높이를 표시해 보세요.

아랫변

16-3 사다리꼴의 넓이

• 사다리꼴 2개를 붙여서 넓이 구하기

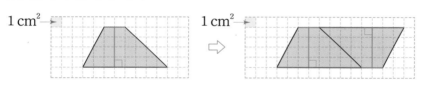

$$(사다리꼴의 넓이) = (평행사변형의 넓이) \div 2$$
$$= (밑변의 길이) \times (높이) \div 2$$
$$= (윗변의 길이 + 아랫변의 길이) \times (높이) \div 2$$

• 여러 가지 방법으로 사다리꼴의 넓이 구하기

① 평행사변형과 삼각형으로 나누어 구하기

② 삼각형 2개로 나누어 구하기

③ 직사각형과 직각삼각형으로 나누어 구하기

④ 사다리꼴을 잘라 삼각형으로 바꾸어 구하기

확인 4 사다리꼴을 평행사변형으로 바꾸어 넓이를 구하려고 합니다. ☐ 안에 알맞은 말이나 수를 써넣으세요.

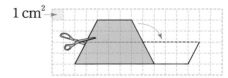

$$(사다리꼴의 넓이) = (\boxed{}의 넓이)$$
$$= (\boxed{} + \boxed{}) \times \boxed{} = \boxed{} (cm^2)$$

01 마름모의 넓이는 몇 cm²인지 구해 보세요.

(1)

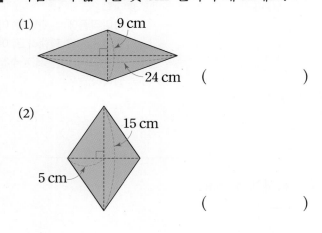

9 cm

24 cm   (   )

(2)

15 cm

5 cm

(   )

02 사다리꼴의 넓이는 몇 cm²인지 구해 보세요.

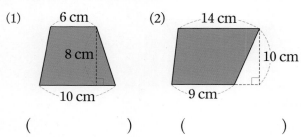

(1)   6 cm

8 cm

10 cm

(   )

(2)   14 cm

10 cm

9 cm

(   )

03 주어진 마름모와 넓이가 같은 사다리꼴을 1개 그려 보세요.

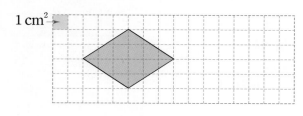

1 cm²→

04 □ 안에 알맞은 수를 써넣으세요.

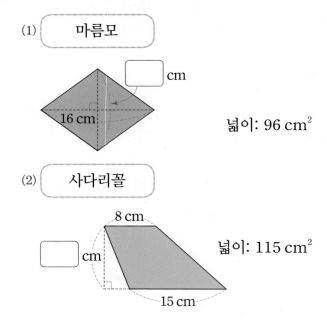

(1)   마름모

□ cm

16 cm

넓이: 96 cm²

(2)   사다리꼴

8 cm

□ cm

15 cm

넓이: 115 cm²

05 직사각형 ㄱㄴㄷㄹ의 넓이는 532 cm²입니다. 이 직사각형의 네 변의 가운데를 이어 그린 마름모의 넓이는 몇 cm²인지 구해 보세요.

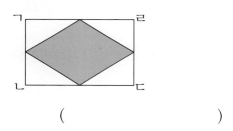

ㄱ   ㄹ

ㄴ   ㄷ

(   )

06 삼각형 ㄱㄴㄹ의 넓이가 28 cm²일 때, 사다리꼴 ㄱㄴㄷㄹ의 넓이는 몇 cm²인지 구해 보세요.

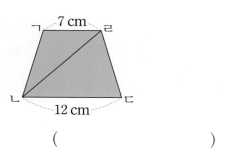

ㄱ   7 cm   ㄹ

ㄴ   ㄷ

12 cm

(   )

07 사각형 ㄱㄴㄷㄹ은 평행사변형입니다. 사다리꼴 ㄱㄴㄷㅂ의 넓이가 185 cm²일 때 마름모 ㅁㄹㄷㅂ의 넓이는 몇 cm²인지 구해 보세요.

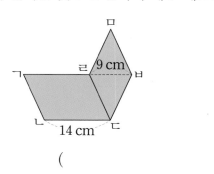

(   )

08 사다리꼴의 둘레가 44 cm일 때 사다리꼴의 넓이는 몇 cm²인지 구해 보세요.

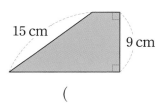

(   )

09 사다리꼴의 넓이는 몇 cm²인지 구해 보세요.

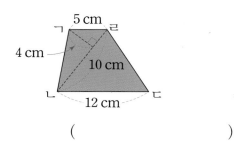

(   )

10 그림은 가로가 34 cm, 세로가 12 cm인 직사각형 모양의 색종이를 접은 것입니다. 색칠한 부분의 넓이는 몇 cm²인지 구해 보세요.

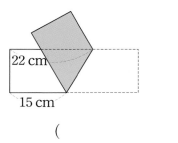

(   )

 실력 올리기

11 오른쪽 그림에서 사다리꼴 ㄱㄴㄷㅁ의 넓이는 삼각형 ㅁㄷㄹ의 넓이의 4배입니다. 선분 ㄴㄷ의 길이는 몇 cm인지 구해 보세요.

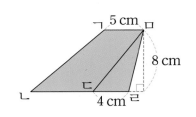

(   )

12 오른쪽 그림은 한 변이 8 cm인 정사각형과 한 대각선이 12 cm인 마름모를 겹쳐 만든 도형입니다. 정사각형의 넓이는 겹쳐진 부분의 4배이고, 마름모의 넓이는 겹쳐진 부분의 6배입니다. 마름모의 다른 대각선은 몇 cm인지 구해 보세요.

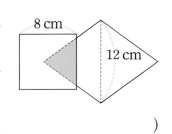

(   )

17-1 여러 가지 다각형의 넓이 구하기

다각형의 넓이는 직사각형, 평행사변형, 삼각형, 마름모, 사다리꼴의 넓이를 이용하여 구할 수 있습니다.

방법 1 도형을 나누어 각각의 넓이의 합 구하기

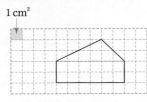 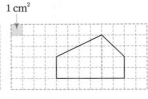 

방법 2 도형을 변형하여 넓이 구하기

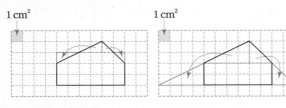

방법 3 전체에서 포함되지 않은 부분을 빼서 넓이 구하기

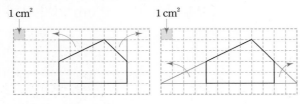

확인 1 다각형의 넓이를 2가지 방법으로 구하려고 합니다. ☐ 안에 알맞은 수를 써넣으세요.

(1)

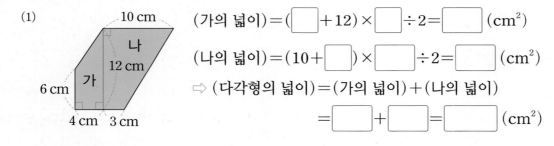

(가의 넓이) $=$ (☐ $+12$) $\times$ ☐ $\div 2 =$ ☐ (cm^2)

(나의 넓이) $=$ ($10+$ ☐) $\times$ ☐ $\div 2 =$ ☐ (cm^2)

➡ (다각형의 넓이) $=$ (가의 넓이) $+$ (나의 넓이)

  $=$ ☐ $+$ ☐ $=$ ☐ (cm^2)

(2)

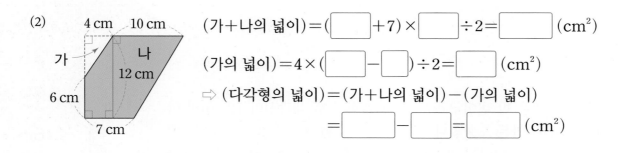

(가+나의 넓이) $=$ (☐ $+7$) $\times$ ☐ $\div 2 =$ ☐ (cm^2)

(가의 넓이) $= 4 \times$ (☐ $-$ ☐) $\div 2 =$ ☐ (cm^2)

➡ (다각형의 넓이) $=$ (가+나의 넓이) $-$ (가의 넓이)

  $=$ ☐ $-$ ☐ $=$ ☐ (cm^2)

01 다각형의 넓이를 구하려고 합니다. □ 안에 알맞은 수를 써넣으세요.

(1)
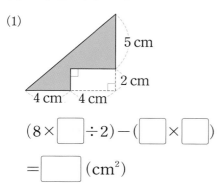

$(8 \times \boxed{} \div 2) - (\boxed{} \times \boxed{})$

$= \boxed{} \ (\mathrm{cm}^2)$

(2)
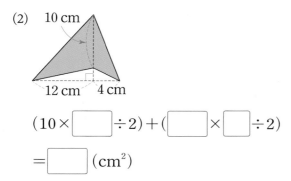

$(10 \times \boxed{} \div 2) + (\boxed{} \times \boxed{} \div 2)$

$= \boxed{} \ (\mathrm{cm}^2)$

02 평행사변형에서 색칠한 부분의 넓이는 몇 cm^2인지 구해 보세요.

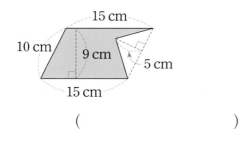

(　　　　　　　　)

03 한 변이 24 cm인 정사각형을 그림과 같이 잘랐습니다. 남은 부분의 넓이는 몇 cm^2인지 구해 보세요.

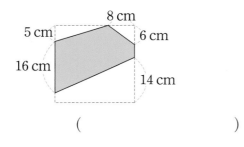

(　　　　　　　　)

04 큰 마름모 안에 각각의 대각선 길이의 반을 대각선의 길이로 하는 작은 마름모를 그렸습니다. 색칠한 부분의 넓이는 몇 cm^2인지 구해 보세요.

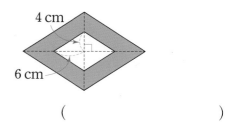

(　　　　　　　　)

05 사다리꼴 ㄱㄴㄷㄹ의 넓이는 90 cm^2입니다. 색칠한 부분의 넓이는 몇 cm^2인지 구해 보세요.

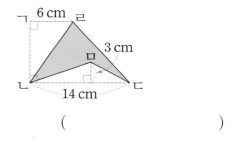

(　　　　　　　　)

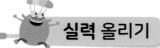
실력 올리기

06 색칠한 부분의 넓이는 몇 cm^2인지 구해 보세요.

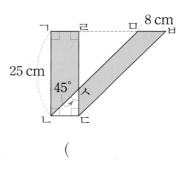

(　　　　　　　　)

18-1 원의 중심과 반지름, 지름

- 원의 중심: 원을 그릴 때에 누름 못이 꽂혔던 점
- 원의 반지름: 원의 중심과 원 위의 한 점을 이은 선분
- 원의 지름: 원 위의 두 점을 이은 선분 중 원의 중심을 지나는 선분

┌ 점 ㅇ: 원의 중심 → 한 원에는 중심이 1개입니다.
├ 선분 ㅇㄱ과 선분 ㅇㄴ: 원의 반지름
└ 선분 ㄱㄴ: 원의 지름

확인 1 □ 안에 알맞은 말을 써넣으세요.

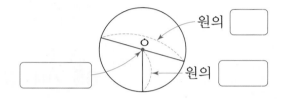

18-2 원의 성질

- 한 원에서 반지름과 지름은 무수히 많이 그을 수 있습니다.
- 한 원에서 반지름은 모두 같습니다.
- 한 원에서 지름은 모두 같습니다.
- 지름은 원을 둘로 똑같이 나누는 선분으로 원 안에 그을 수 있는 가장 긴 선분입니다.
- 한 원에서 지름은 반지름의 2배입니다. ⇨ (원의 지름)=(원의 반지름)×2
- 한 원에서 반지름은 지름의 반입니다. ⇨ (원의 반지름)=(원의 지름)÷2

확인 2 오른쪽 그림에 원의 반지름과 지름을 각각 2개씩 긋고, 알맞은 말에 ○표 하세요.

(1) 한 원에서 반지름은 (1개, 무수히 많이) 그을 수 있습니다.

(2) 한 원에서 반지름은 모두 (같습니다, 다릅니다).

(3) 한 원에서 지름은 반지름의 (2배, 반) 입니다.

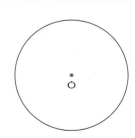

18-3 원 그리기

• 컴퍼스를 이용하여 반지름이 3 cm인 원 그리기

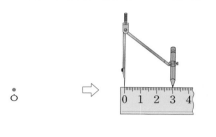 

원의 중심이 되는
점 ㅇ을 정합니다.

컴퍼스를 원의 반지름
만큼 벌립니다.

컴퍼스의 침을 점 ㅇ에
꽂고 원을 그립니다.

➕ 플러스

• 크기가 같은 원은 반지름
이 같습니다.

반지름을 다르게
하여 원을 그리면
원의 크기가 달라
져.

확인 3 컴퍼스를 이용하여 오른쪽 모눈종이에 반지름이 2 cm인 원을 그려
보세요.

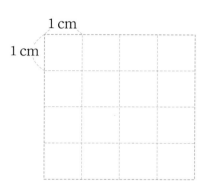

18-4 원을 이용하여 여러 가지 모양 그리기

• 규칙에 따라 원 그리기

원의 중심은 같고 원의 반지름만 변하는 규칙	원의 반지름은 같고 원의 중심만 변하는 규칙	원의 중심과 반지름이 모두 변하는 규칙

➡ 원의 반지름을 다르게 하면 원의 크기가 변하고, 원의 중심을 다르게 하면 원의 위치가 변합니다.

확인 4 오른쪽 모양을 그리기 위하여 컴퍼스의 침을 꽂아야 할 곳을 모두 표시해 보세
요.

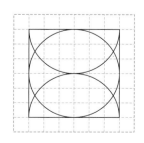

01 원의 중심을 찾아 보세요.

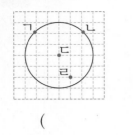

(   )

02 원의 반지름과 지름은 몇 cm인지 써 보세요.

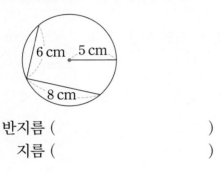

반지름 (   )
지름 (   )

03 원에 대한 설명이 잘못된 것을 모두 찾아 기호를 써 보세요.

> ㉠ 원 위의 두 점을 이은 선분을 지름이라고 합니다.
> ㉡ 한 원에서 원의 반지름은 지름의 반입니다.
> ㉢ 원의 반지름은 원을 똑같이 둘로 나눕니다.
> ㉣ 한 원에서 중심은 1개뿐입니다.
> ㉤ 한 원에서 지름은 모두 같습니다.

(   )

04 한 원에 지름을 몇 개까지 그을 수 있나요?

(   )

① 1개   ② 2개
③ 3개   ④ 4개
⑤ 무수히 많습니다.

05 컴퍼스를 이용하여 지름이 24 cm인 원을 그리려고 합니다. 컴퍼스의 침과 연필심 사이의 거리는 몇 cm로 해야 하는지 구해 보세요.

(   )

06 크기가 작은 순서대로 기호를 써 보세요.

> ㉠ 반지름이 8 cm인 원
> ㉡ 지름이 12 cm인 원
> ㉢ 지름이 15 cm인 원
> ㉣ 반지름이 11 cm인 원

(   )

07 반지름은 같고 원의 중심을 옮겨 가며 그린 모양을 찾아 기호를 써 보세요.

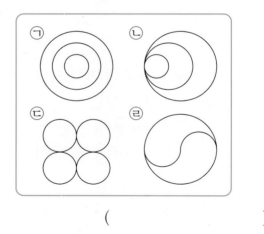

(   )

08 사각형 ㄱㄴㄷㄹ의 둘레는 몇 cm인지 구해 보세요.

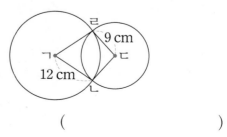

(   )

09 점 ㄴ과 점 ㄷ은 원의 중심입니다. 선분 ㄱㄷ의 길이는 몇 cm인지 구해 보세요.

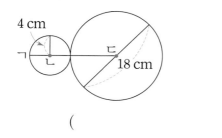

(   )

11 크기가 같은 원 2개를 서로 원의 중심을 지나도록 겹쳐서 그린 후 그림과 같이 삼각형을 그렸습니다. 삼각형의 둘레가 21 cm일 때 원의 지름은 몇 cm인지 구해 보세요.

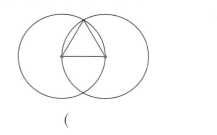

(   )

10 다음과 같은 두 모양을 그리기 위하여 컴퍼스의 침을 꽂아야 할 곳은 모두 몇 군데인지 구해 보세요.

 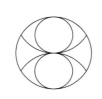

(   )

12 정사각형 안에 반지름이 6 cm인 원을 꼭 맞게 그렸습니다. 정사각형의 둘레는 몇 cm인지 구해 보세요.

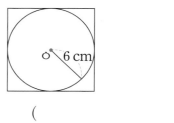

(   )

 실력 올리기

13 오른쪽 그림에서 점 ㄱ, ㄴ, ㄷ은 각각 원의 중심입니다. 선분 ㄴㄷ의 길이는 몇 cm인지 구해 보세요.

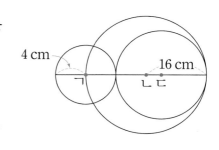

(   )

14 오른쪽 그림과 같이 직사각형 안에 크기가 같은 원을 각각 2개씩 이어 붙여서 그렸습니다. 점 ㄱ, ㄴ, ㄷ, ㄹ이 각 원의 중심일 때 선분 ㄱㄹ의 길이는 몇 cm인지 구해 보세요.

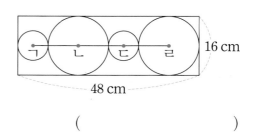

(   )

19-1 원주와 원주율

- 원주: 원의 둘레
- 원주율: 원의 지름에 대한 원주의 비율

$$(원주율) = (원주) \div (지름)$$

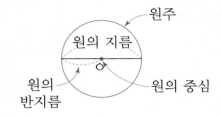

⇨ 원주율을 소수로 나타내면
3.1415926535897932……와 같이 끝없이 이어집니다. 따라서 원주율은
필요에 따라 3, 3.1, 3.14 등으로 어림하여 사용하기도 합니다.

＋플러스
- 원의 크기와 관계없이 원주율은 일정합니다.

확인 1 설명이 맞으면 ○표, 틀리면 ×표 하세요.

(1) 원주는 지름의 약 3배입니다.　　　　　(　　　)
(2) 원이 커지면 원주율도 커집니다.　　　　(　　　)
(3) 원의 지름이 커지면 원주도 커집니다.　(　　　)

19-2 지름과 원주 구하기

- 원주율을 이용하여 지름 구하기

$$(원주율) = (원주) \div (지름)$$
⇨ ┌ (지름) = (원주) ÷ (원주율)
　 └ (반지름) = (원주) ÷ (원주율) ÷ 2

예 원주가 31 cm인 원의 지름 구하기 (원주율: 3.1)

□ cm
(지름) = (원주) ÷ (원주율)
　　　 = 31 ÷ 3.1
　　　 = 10 (cm)

- 원주율을 이용하여 원주 구하기

$$(원주율) = (원주) \div (지름)$$
⇨ (원주) = (지름) × (원주율)
　　　　 = (반지름) × 2 × (원주율)

예 지름이 12 cm인 원의 원주 구하기 (원주율: 3)

12 cm
(원주) = (지름) × (원주율)
　　　 = 12 × 3
　　　 = 36 (cm)

확인 2 원주율이 다음과 같을 때 원주를 보고 지름을 구해 보세요.

원주율	원주(cm)	지름(cm)
3	42	
3.1	37.2	

확인 3 지름이 다음과 같을 때 원주는 몇 cm인지 구해 보세요. (원주율: 3.1)

(1) 지름: 8 cm

(　　　　　　　)

(2) 반지름: 8 cm

(　　　　　　　)

> 지름이 2배, 3배
> ……가 되면 원주도
> 2배, 3배……가 돼.

01 원 모양 물건의 원주와 지름을 잰 것입니다. 빈칸에 알맞은 수나 말을 써넣으세요.

물건	원주(cm)	지름(cm)	원주율
접시	49.6	16	
피자	74.4	24	

⇨ 원의 크기가 달라도 원주율은 [   ]합니다.

02 반지름이 짧은 순서대로 기호를 써 보세요. (원주율: 3)

> ㉠ 원주가 54 cm인 원
> ㉡ 지름이 12 cm인 원
> ㉢ 둘레가 51 cm인 원

(   )

03 그림과 같이 원의 중심이 같은 두 원의 원주의 차는 몇 cm인지 구해 보세요. (원주율: 3.1)

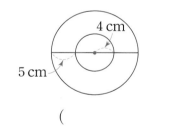

(   )

04 반지름이 25 cm인 원 모양의 굴렁쇠를 그림과 같이 몇 바퀴 굴렸더니 9.3 m만큼 나아갔습니다. 굴렁쇠는 몇 바퀴 굴러간 것인지 구해 보세요. (원주율: 3.1)

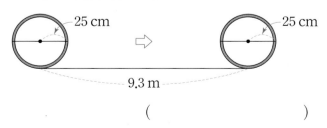

(   )

05 색칠한 부분의 둘레는 몇 cm인지 구해 보세요. (원주율: 3)

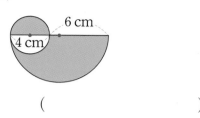

(   )

실력 올리기

06 그림과 같은 모양의 운동장이 있습니다. 이 운동장의 둘레가 531.2 m일 때, ☐ 안에 알맞은 수를 구해 보세요. (원주율: 3.14)

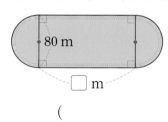

(   )

07 그림은 한 변이 2 cm인 정사각형의 둘레에 원의 일부분을 이어 붙여 만든 것입니다. 색칠한 부분의 둘레는 몇 cm인지 구해 보세요. (원주율: 3)

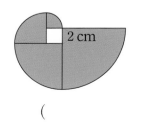

(   )

20-1 원의 넓이 어림하기

• 지름이 10 cm인 원의 넓이 어림하기

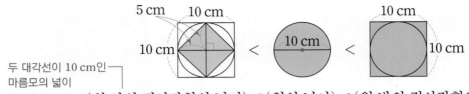

(원 안의 정사각형의 넓이) < (원의 넓이) < (원 밖의 정사각형의 넓이)
$10 \times 10 \div 2 = 50 \, (\text{cm}^2)$ $10 \times 10 = 100 \, (\text{cm}^2)$

⇨ 지름이 10 cm인 원의 넓이는 50 cm²와 100 cm² 사이로 어림할 수 있습니다.

확인 1 원 안의 정사각형과 원 밖의 정사각형의 넓이를 이용하여 반지름이 3 cm인 원의 넓이를 어림하려고 합니다. ☐ 안에 알맞은 수를 써넣으세요.

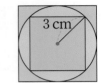

$$\boxed{} \, \text{cm}^2 < (원의 넓이) < \boxed{} \, \text{cm}^2$$

20-2 원의 넓이 구하기

원을 한없이 잘라 이어 붙여서 점점 직사각형에 가까워지는 도형을 이용하여 원의 넓이를 구할 수 있습니다.

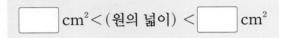

$$(원의 넓이) = \underline{(원주)} \times \frac{1}{2} \times (반지름)$$
$$= \underline{(원주율) \times (지름)} \times \frac{1}{2} \times (반지름)$$
$$= (원주율) \times (반지름) \times (반지름)$$

플러스

• 반지름과 원의 넓이의 관계

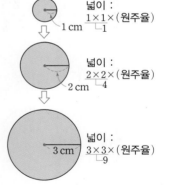

넓이 : $\underbrace{1 \times 1}_{1} \times (원주율)$

넓이 : $\underbrace{2 \times 2}_{4} \times (원주율)$

넓이 : $\underbrace{3 \times 3}_{9} \times (원주율)$

반지름이 2배, 3배……로 늘어나면 넓이는 4배, 9배……로 늘어납니다.

확인 2 원을 한없이 잘라 이어 붙여서 직사각형을 만들었습니다. ☐ 안에 알맞은 수를 써넣고 원의 넓이는 몇 cm²인지 구해 보세요. (원주율: 3.1)

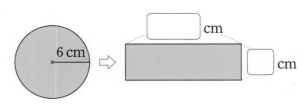

(   )

01 원의 넓이는 몇 cm²인지 구해 보세요.
(원주율: 3)

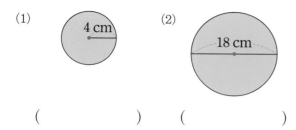

(1) 4 cm   (2) 18 cm

(   )   (   )

02 넓이가 넓은 순서대로 기호를 써 보세요.
(원주율: 3.1)

㉠ 반지름이 16 cm인 원
㉡ 넓이가 895.9 cm²인 원
㉢ 지름이 30 cm인 원

(   )

03 한 변이 36 cm인 정사각형 안에 그릴 수 있는 가장 큰 원을 그렸습니다. 원의 넓이는 몇 cm²인지 구해 보세요. (원주율: 3)

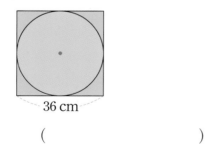

36 cm

(   )

04 넓이가 111.6 m²인 원 모양의 꽃밭이 있습니다. 이 꽃밭의 둘레는 몇 m인지 구해 보세요.
(원주율: 3.1)

(   )

05 색칠한 부분의 넓이는 몇 cm²인지 구해 보세요. (원주율: 3)

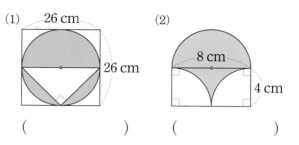

(1) 26 cm, 26 cm   (2) 8 cm, 4 cm

(   )   (   )

06 두 도형 가와 나의 색칠한 부분의 넓이의 차는 몇 cm²인지 구해 보세요. (원주율: 3.1)

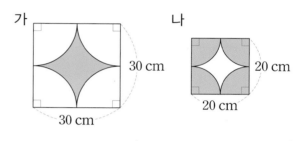

가   30 cm   30 cm
나   20 cm   20 cm

(   )

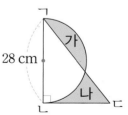   **실력 올리기**

07 원 모양의 호수 둘레를 따라 9.3 m 간격으로 꽃을 30송이 심었습니다. 호수의 넓이는 몇 m²인지 구해 보세요.
(원주율: 3.1)

(   )

08 오른쪽 그림은 반원과 직각삼각형을 겹쳐 놓은 것입니다. 색칠한 부분 가와 나의 넓이가 같을 때, 변 ㄴㄷ의 길이는 몇 cm인지 구해 보세요.
(원주율: 3)

ㄱ   가   28 cm   ㄴ   나   ㄷ

(   )

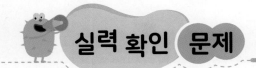
01 두 정다각형의 둘레가 같을 때, 오른쪽 도형의 한 변의 길이는 몇 cm인지 구해 보세요.

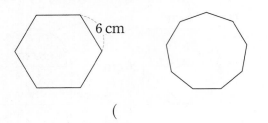

6 cm

(   )

02 두 대각선이 서로 수직으로 만나는 사각형을 모두 찾아 기호를 써 보세요.

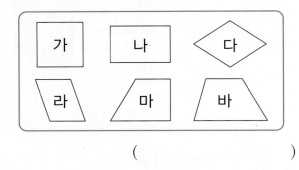

가   나   다
라   마   바

(   )

03 평행사변형의 둘레는 마름모의 둘레보다 몇 cm 더 긴지 구해 보세요.

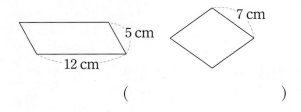

5 cm
12 cm   7 cm

(   )

04 넓이가 56 m²인 직사각형 모양의 꽃밭이 있습니다. 꽃밭의 가로가 700 cm일 때, 세로는 몇 cm인지 구해 보세요.

(   )

05 다음에서 설명하는 다각형의 이름을 써 보세요.

- 변의 길이가 모두 같습니다.
- 각의 크기가 모두 같습니다.
- 한 꼭짓점에서 그을 수 있는 대각선은 6개입니다.

(   )

06 원주는 몇 cm인지 구해 보세요. (원주율: 3)

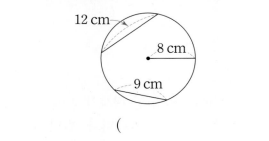

12 cm
8 cm
9 cm

(   )

07 색칠한 사각형은 정사각형입니다. 사각형 ㅈㄹㅁㅂ의 넓이는 몇 cm²인지 구해 보세요.

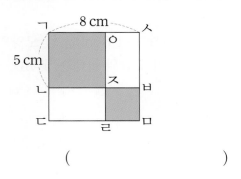

ㄱ   8 cm   ㅅ
ㅇ
5 cm
ㄴ   ㅈ   ㅂ
ㄷ   ㄹ   ㅁ

(   )

08 평행사변형과 마름모의 넓이가 같을 때 □ 안에 알맞은 수를 구해 보세요.

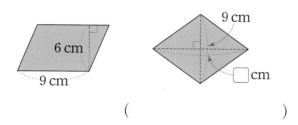

( )

09 그림과 같은 두 모양을 그리기 위하여 컴퍼스의 침을 꽂아야 할 곳은 모두 몇 군데인지 구해 보세요.

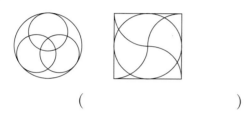

( )

10 길이가 248 cm인 철사 두 도막으로 잘랐습니다. 그중 한 도막을 겹치지 않게 모두 사용하여 한 변이 18 cm인 정육각형을 만들었습니다. 다른 한 도막을 겹치지 않게 모두 사용하여 한 변이 14 cm인 정다각형을 만들었을 때 만든 정다각형의 이름을 써 보세요.

( )

11 그림에서 삼각형 ㄷㄱㄴ의 둘레가 36 cm일 때 작은 원의 반지름은 몇 cm인지 구해 보세요.

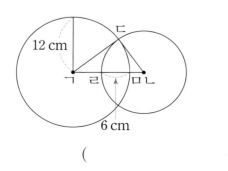

( )

12 두 원의 넓이의 차는 몇 cm²인지 구해 보세요.
(원주율: 3.1)

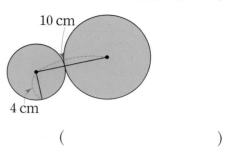

( )

13 도형의 둘레는 몇 cm인지 구해 보세요.

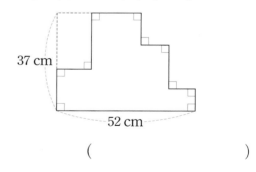

( )

14 한 변이 4 cm이고, 모든 변의 길이의 합이 28 cm인 정다각형이 있습니다. 이 도형의 대각선은 모두 몇 개인지 구해 보세요.

( )

정답과 풀이 ● 22쪽

15 색칠한 부분의 넓이는 몇 cm²인지 구해 보세요.

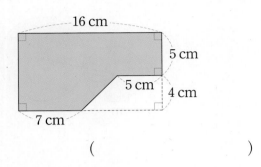

(   )

16 직사각형 모양의 종이를 다음과 같이 접었습니다. 색칠한 부분의 넓이는 몇 cm²인지 구해 보세요.

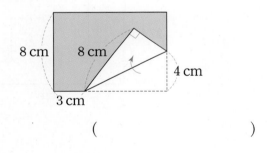

(   )

17 길이가 99.2 cm인 철사를 남거나 겹치는 부분 없이 모두 사용하여 원을 한 개 만들었습니다. 만든 원의 넓이는 몇 cm²인지 구해 보세요. (원주율: 3.1)

(   )

18 넓이가 2790 cm²인 원이 있습니다. 이 원의 둘레에 9.3 cm 간격으로 점을 찍으려고 합니다. 점은 모두 몇 개 찍을 수 있는지 구해 보세요. (원주율: 3.1)

(   )

19 한 변의 길이가 같은 정삼각형 2개와 정오각형 1개를 겹치지 않게 이어 붙여 놓은 것입니다. 점 ㄱ과 점 ㅂ을 이었을 때 생기는 각 ㄱㅂㅁ의 크기를 구해 보세요.

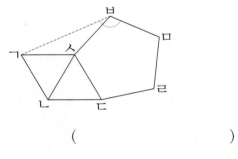

(   )

20 가장 작은 반원의 지름은 가장 큰 원의 반지름의 $\frac{1}{2}$입니다. 색칠한 부분의 넓이는 몇 cm인지 구해 보세요. (원주율: 3)

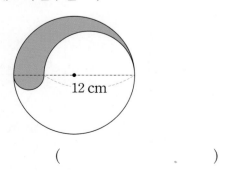

(   )

합동과 대칭

21-1 평면도형 밀기

• 삼각형 ㄱㄴㄷ을 위쪽, 아래쪽, 오른쪽, 왼쪽으로 각각 6 cm 밀기

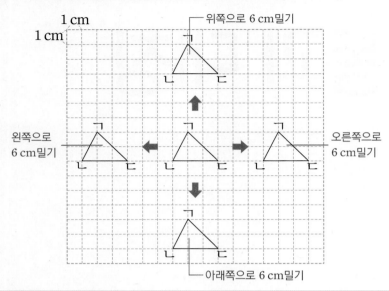

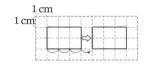

플러스

• 도형을 주어진 방향과 길이만큼 밀기
도형의 한 변이나 꼭짓점을 기준으로 주어진 방향과 길이만큼 움직입니다.
예 도형을 오른쪽으로 4 cm 밀기

도형을 어느 방향으로 밀어도 모양과 크기는 변하지 않고 위치만 변합니다.

확인 **1** 왼쪽 모양 조각을 왼쪽으로 밀었을 때의 모양에 ○표 하세요.

(　　　　)　　(　　　　)

확인 **2** 도형을 오른쪽으로 8 cm 밀었을 때의 모양을 그려 보세요.

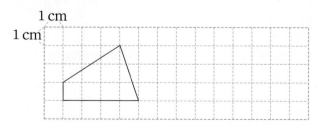

21-2 평면도형 뒤집기

• 삼각형 ㄱㄴㄷ을 위쪽, 아래쪽, 오른쪽, 왼쪽으로 뒤집기

➕ 플러스

• 도형을 같은 방향으로 2번, 4번, 6번…… 뒤집으면 처음 모양과 같습니다.
• 도형을 같은 방향으로 3번, 5번, 7번…… 뒤집으면 1번 뒤집은 모양과 같습니다.

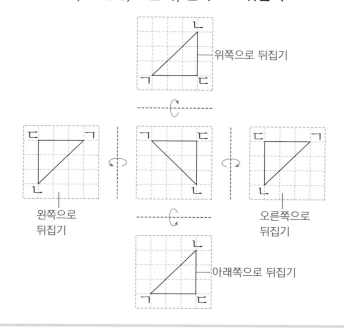

• 도형을 위쪽이나 아래쪽으로 뒤집으면 도형의 위쪽과 아래쪽이 서로 바뀝니다.
  ⇨ (위쪽으로 뒤집은 도형)＝(아래쪽으로 뒤집은 도형)
• 도형을 왼쪽이나 오른쪽으로 뒤집으면 도형의 왼쪽과 오른쪽이 서로 바뀝니다.
  ⇨ (왼쪽으로 뒤집은 도형)＝(오른쪽으로 뒤집은 도형)

확인 3 왼쪽 모양 조각을 오른쪽으로 뒤집었을 때의 모양에 ◯표 하세요.

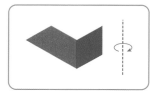　　　　

（　　　）　　（　　　）

확인 4 도형을 아래쪽으로 뒤집었을 때의 모양을 그리고, 알맞은 말에 ◯표 하세요.

도형을 아래쪽으로 뒤집으면 도형의 (오른쪽과 왼쪽, 위쪽과 아래쪽)이 서로 바뀝니다.

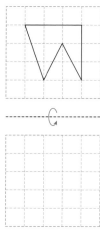

01 도형을 주어진 방향으로 밀었을 때의 도형을 각각 그려 보세요.

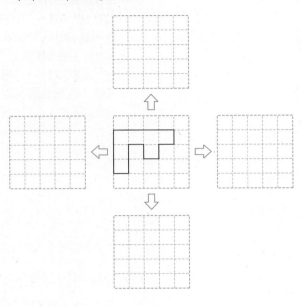

02 도형을 주어진 방향으로 뒤집었을 때의 도형을 각각 그려 보세요.

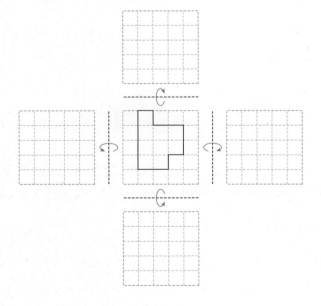

03 모양 조각을 뒤집은 방향을 알아보려고 합니다. □ 안에 알맞은 말을 써넣으세요.

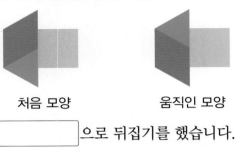

처음 모양　　　　　　움직인 모양

☐ 으로 뒤집기를 했습니다.

04 도형을 위쪽으로 4 cm 밀고, 왼쪽으로 7 cm 밀었을 때의 도형을 그려 보세요.

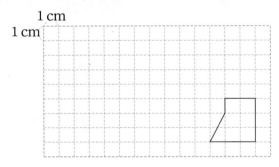

05 도형을 왼쪽으로 2번 뒤집었을 때의 도형과 아래쪽으로 3번 뒤집었을 때의 도형을 각각 그려 보세요.

왼쪽으로　　　아래쪽으로
2번 뒤집기　　3번 뒤집기

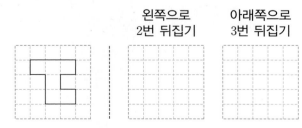

06 도형 가는 처음 도형을 위쪽으로 밀었을 때의 도형입니다. 처음 도형을 위쪽으로 뒤집었을 때의 도형을 그려 보세요.

08 정사각형을 완성하려면 가, 나 조각을 어느 방향으로 몇 cm 밀어야 하는지 써 보세요.

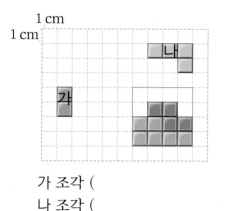

가 조각 (   )

나 조각 (   )

07 오른쪽 글자를 움직여서 처음과 같은 모양으로 만들 수 있는 방법을 모두 찾아 기호를 써 보세요.

> ㉠ 위쪽으로 4번 뒤집기
> ㉡ 아래쪽으로 5번 뒤집기
> ㉢ 왼쪽으로 3번 뒤집기
> ㉣ 오른쪽으로 2번 뒤집기

(   )

09 다음 도형 중 어느 방향으로 뒤집어도 처음 도형과 같은 것을 모두 찾아 기호를 써 보세요.

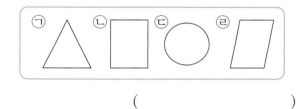

(   )

실력 올리기

10 오른쪽 그림은 거울에 비친 시계의 모습입니다. 시계가 나타내는 시각을 구해 보세요.

(   )

11 3장의 수 카드를 한 번씩만 사용하여 만들 수 있는 가장 큰 세 자리 수와 이 세 자리 수를 오른쪽으로 뒤집었을 때 생기는 수의 차를 구해 보세요. (단, 수 카드는 한 장씩 뒤집지 않습니다.)

(   )

22-1 평면도형 돌리기

• 삼각형 ㄱㄴㄷ을 시계 방향으로 돌리기

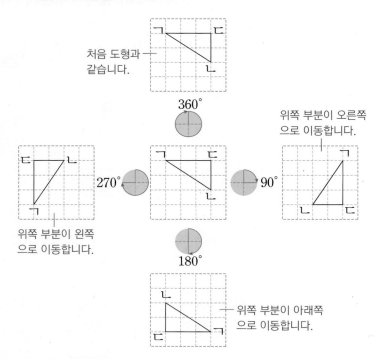

처음 도형과 같습니다.

360°

위쪽 부분이 오른쪽으로 이동합니다.

270°   90°

위쪽 부분이 왼쪽으로 이동합니다.

180°

위쪽 부분이 아래쪽으로 이동합니다.

• 삼각형 ㄱㄴㄷ을 시계 반대 방향으로 돌리기

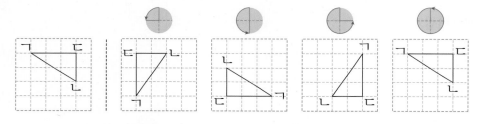

> • 도형을 돌리면 모양과 크기는 변하지 않지만 돌리는 각도에 따라 도형의 방향이 바뀝니다.
> • 도형을 360°만큼 돌리면 처음 도형과 같아집니다.

🔍 플러스

• 화살표 끝이 가리키는 위치가 같으면 도형을 돌렸을 때의 모양이 서로 같습니다.

확인 **1** 왼쪽 모양 조각을 시계 방향으로 90°만큼 돌렸을 때의 모양에 ○표 하세요.

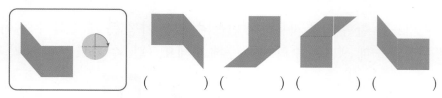

(   ) (   ) (   ) (   )

22-2 평면도형 뒤집고 돌리기

• 도형을 뒤집고 돌리기

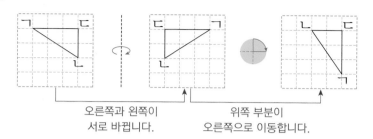

오른쪽과 왼쪽이
서로 바뀝니다.

위쪽 부분이
오른쪽으로 이동합니다.

• 도형을 돌리고 뒤집기

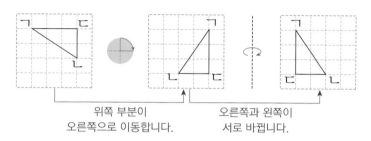

위쪽 부분이
오른쪽으로 이동합니다.

오른쪽과 왼쪽이
서로 바뀝니다.

> 도형을 움직인 방법이 같더라도 그 순서가 다르면 도형의 방향이 다를 수 있습니다.

확인 2 주어진 도형을 뒤집고 돌렸을 때의 도형과 돌리고 뒤집었을 때의 도형을 비교하려고 합니다. 물음에 답하세요.

(1) 도형을 오른쪽으로 뒤집고 시계 반대 방향으로 90° 돌렸을 때의 도형을 그려 보세요.

(2) 도형을 시계 반대 방향으로 90° 돌리고, 오른쪽으로 뒤집었을 때의 도형을 그려 보세요.

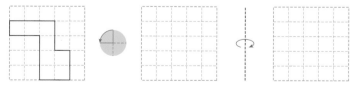

(3) 알맞은 말에 ◯표 하세요.

> 주어진 도형을 뒤집고 돌렸을 때의 도형과 돌리고 뒤집었을 때의 도형은 방향이 서로(같습니다, 다릅니다).

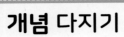
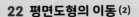

01 도형을 시계 방향으로 주어진 각도만큼 돌렸을 때의 도형을 각각 그려 보세요.

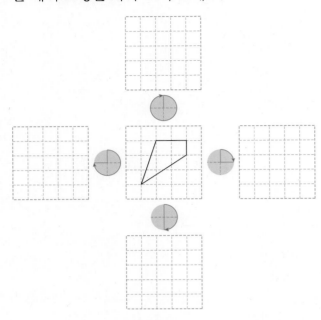

02 도형을 아래쪽으로 뒤집고 시계 방향으로 90° 만큼 돌렸을 때의 도형을 각각 그려 보세요.

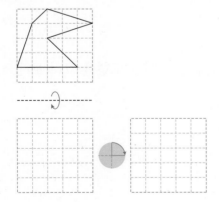

03 |보기|에서 알맞은 도형을 골라 □ 안에 기호를 써넣으세요.

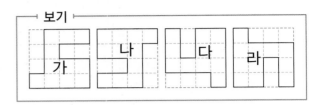

⑴ 가 도형을 시계 반대 방향으로 90°만큼 돌리면 □ 도형이 됩니다.

⑵ □ 도형을 시계 반대 방향으로 180°만큼 돌리면 □ 도형이 됩니다.

04 오른쪽 도형을 여러 방향으로 돌렸을 때 생기는 모양이 아닌 것을 찾아 기호를 써 보세요.

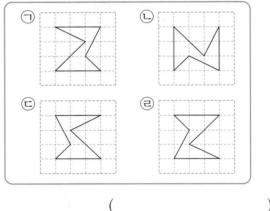

(　　　　　　)

05 왼쪽 도형을 돌렸더니 오른쪽 모양이 되었습니다. 어느 방향으로 돌린 것인지 ◐에 화살표로 표시해 보세요.

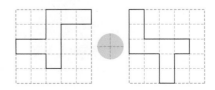

06 도형을 돌렸을 때 생기는 모양이 같은 것끼리 선으로 이어 보세요.

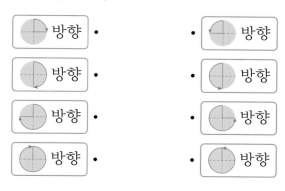

07 도형을 아래쪽으로 2번 뒤집고 시계 방향으로 90°만큼 4번 돌렸을 때의 도형을 그려 보세요.

처음 도형   움직인 도형

08 |보기|와 같은 방법으로 뒤집기와 돌리기를 한 번씩 하여 주어진 도형을 이동하였을 때의 도형을 그려 보세요.

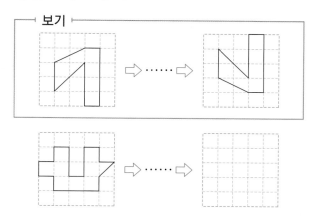

09 어떤 도형을 오른쪽으로 뒤집은 후 방향으로 돌린 도형입니다. 처음 도형을 그려 보세요.

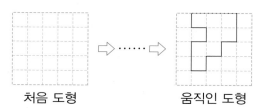

처음 도형   움직인 도형

 실력 올리기

10 다음 문자 중에서 왼쪽으로 뒤집고 시계 반대 방향으로 180°만큼 돌렸을 때 처음 모양과 같은 문자는 모두 몇 개인지 구해 보세요.

A C E H I M O
T U V W X Y

(　　　　　)

23-1 합동

· 합동: 모양과 크기가 같아서 포개었을 때 완전히 겹치는 두 도형

플러스
· 모양은 같지만 크기가 다르면 합동이 아닙니다.

확인 1 왼쪽 도형과 서로 합동인 도형을 모두 찾아 ○표 하세요.

 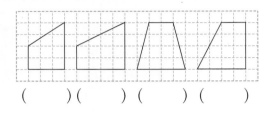

(   ) (   ) (   ) (   )

도형을 뒤집거나 돌려서 포개었을 때 완전히 겹쳐지는 두 도형도 합동이야.

23-2 대응점, 대응변, 대응각

서로 합동인 두 도형을 똑같이 포개었을 때

· 대응점: 겹치는 점
· 대응변: 겹치는 변
· 대응점: 겹치는 각

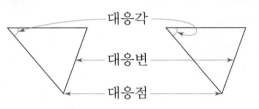

대응각
대응변
대응점

확인 2 두 사각형은 서로 합동입니다. □ 안에 알맞게 써넣으세요.

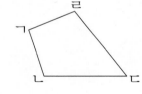 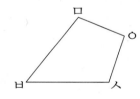

점 ㄴ의 대응점은 점 ☐ , 변 ㄹㄷ의 대응변은

변 ☐ , 각 ㄱㄴㄷ의 대응각은 각 ☐ 입니다.

23-3 합동인 도형의 성질

· 각각의 대응변의 길이가 서로 같습니다.
  ⇨ (변 ㄱㄴ)=(변 ㄹㅂ), (변 ㄴㄷ)=(변 ㅂㅁ),
    (변 ㄷㄱ)=(변 ㅁㄹ)
· 각각의 대응각의 크기가 서로 같습니다.
  ⇨ (각 ㄱㄴㄷ)=(각 ㄹㅂㅁ), (각 ㄱㄷㄴ)=(각 ㄹㅁㅂ), (각 ㄴㄱㄷ)=(각 ㅂㄹㅁ)

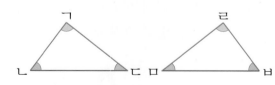

확인 3 두 사각형은 서로 합동입니다. 변 ㅁㅂ의 길이와 각 ㄴㄷㄹ의 크기를 구해 보세요.

변 ㅁㅂ(   ), 각 ㄴㄷㄹ(   )

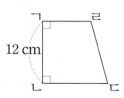 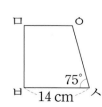

12 cm

75°
14 cm

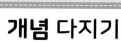 

01 왼쪽 도형과 서로 합동이 되도록 오른쪽 도형을 완성해 보세요.

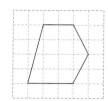 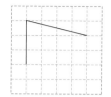

02 항상 서로 합동인 도형이 아닌 것을 찾아 기호를 써 보세요.

> ㉠ 한 변의 길이가 같은 두 정삼각형
> ㉡ 반지름이 같은 두 원
> ㉢ 세 각의 크기가 각각 같은 삼각형
> ㉣ 넓이가 같은 정사각형

( )

03 두 사각형은 합동입니다. 물음에 답하세요.

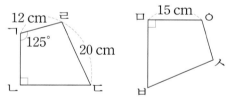

(1) 각 ㅁㅇㅅ의 크기는 몇 도인가요?

( )

(2) 사각형 ㅁㅂㅅㅇ의 둘레는 63 cm입니다. 변 ㅁㅂ의 길이는 몇 cm인가요?

( )

04 대각선으로 한 번 잘랐을 때 잘린 두 도형이 합동이 아닌 것을 찾아 기호를 써 보세요.

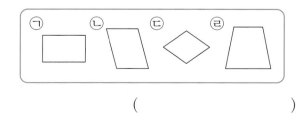

( )

05 두 삼각형은 서로 합동인 이등변삼각형입니다. 각 ㅂㄹㅁ의 크기를 구해 보세요.

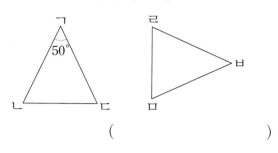

( )

06 두 직사각형은 서로 합동입니다. 사각형 ㅁㅂㅅㅇ의 둘레는 몇 cm인지 구해 보세요.

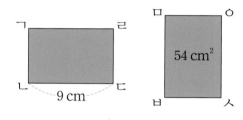

( )

실력 올리기

07 삼각형 ㄱㄴㅁ과 삼각형 ㄷㄱㄹ은 서로 합동입니다. 사각형 ㄱㄴㄷㄹ의 넓이는 몇 cm²인지 구해 보세요.

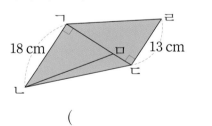

( )

08 삼각형 ㄱㄴㅁ과 삼각형 ㄹㅁㄷ은 서로 합동입니다. 각 ㅁㄷㄴ의 크기를 구해 보세요.

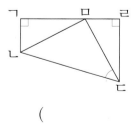

( )

24-1 선대칭도형

- 선대칭도형: 한 직선을 따라 접어서 완전히 포개어지는 도형
- 대칭축: 겹치도록 접은 직선

대칭축을 따라 포개었을 때
- 대응점: 겹치는 점
- 대응변: 겹치는 변
- 대응각: 겹치는 각

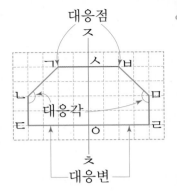

➕ **플러스**
- 대칭축의 개수는 도형의 모양에 따라 다르고, 대칭축이 여러 개일 때 모든 대칭축은 한 점에서 만납니다.

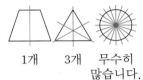

1개   3개   무수히 많습니다.

확인 1 선대칭도형을 모두 찾아 ○표 하고 대칭축을 그려 보세요.

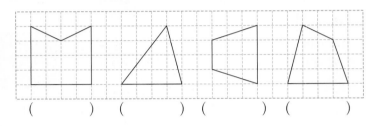

( ) ( ) ( ) ( )

24-2 선대칭도형의 성질

- 각각의 대응변의 길이가 서로 같습니다.
  ⇨ (변 ㄱㄴ)=(변 ㅁㄹ), (변 ㄴㄷ)=(변 ㄹㄷ),
     (변 ㄱㅂ)=(변 ㅁㅂ)
- 각각의 대응각의 크기가 서로 같습니다.
  ⇨ (각 ㄱㄴㄷ)=(각 ㅁㄹㄷ), (각 ㄴㄱㅂ)=(각 ㄹㅁㅂ)

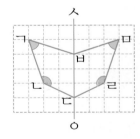

선대칭도형에서 대칭축에 의해 나누어진 두 도형은 서로 합동이야.

확인 2 선대칭도형을 보고 □ 안에 알맞은 수를 써넣으세요.

(1)
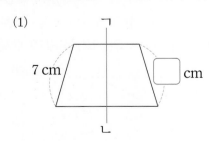

7 cm   □ cm

(2)
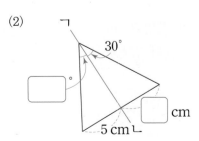

30°
□°
5 cm   □ cm

24-3 선대칭도형의 대응점끼리 이은 선분과 대칭축의 관계

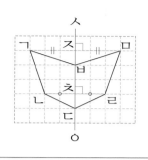

- 대응점끼리 이은 선분은 대칭축과 수직으로 만납니다.
  ⇨ 선분 ㄱㅁ과 대칭축 ㅅㅇ은 수직으로 만납니다.
  　 선분 ㄴㄹ과 대칭축 ㅅㅇ은 수직으로 만납니다.
- 대칭축은 대응점끼리 이은 선분을 둘로 똑같이 나눕니다.
- 각각의 대응점에서 대칭축까지의 거리가 서로 같습니다.
  ⇨ (선분 ㄱㅈ)=(선분 ㅁㅈ), (선분 ㄴㅊ)=(선분 ㄹㅊ)

확인 3 선대칭도형을 보고 알맞은 말에 ○표 하세요.

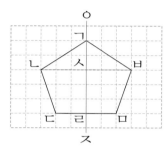

(1) 대응점끼리 이은 선분과 대칭축은 (평행합니다, 수직으로 만납니다).
(2) 선분 ㄴㅅ과 선분 ㅂㅅ의 길이는 (같습니다, 다릅니다).

24-4 선대칭도형 그리기

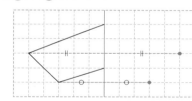 ⇨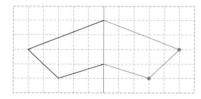

① 각 점에서 대칭축에 수선을 긋습니다.
② 각 점에서 대칭축까지의 거리가 같도록 수선 위에 각 점의 대응점을 찾아 모두 표시합니다.
③ 대응점을 차례로 이어 선대칭도형이 되도록 그립니다.

확인 4 선대칭도형이 되도록 그림을 완성해 보세요.

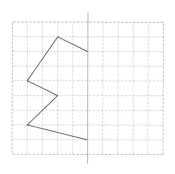

01 선대칭도형입니다. 대칭축을 모두 찾아 기호를 써 보세요.

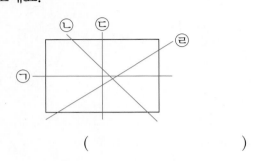

( )

02 직선 ㄱㄴ을 대칭축으로 하는 선대칭도형입니다. □ 안에 알맞은 수를 써넣으세요.

(1)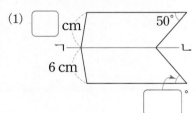

(2)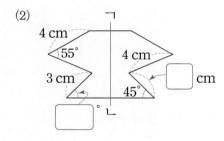

03 다음 중 선대칭도형인 알파벳은 모두 몇 개인지 구해 보세요.

( )

04 대칭축의 수가 가장 많은 선대칭도형을 찾아 기호를 써 보세요.

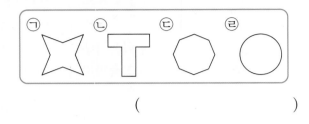

( )

05 직선 ㅇㅈ을 대칭축으로 하는 선대칭도형입니다. 선분 ㄷㅅ의 길이와 각 ㄴㄱㄹ의 크기를 구해 보세요.

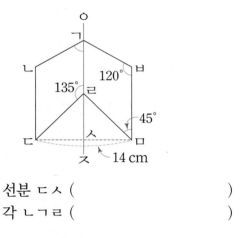

선분 ㄷㅅ ( )
각 ㄴㄱㄹ ( )

06 직선 ㄹㅁ을 대칭축으로 하는 선대칭도형을 완성하려고 합니다. 삼각형 ㄱㄴㄷ이 정삼각형일 때 완성할 선대칭도형의 둘레는 몇 cm인지 구해 보세요.

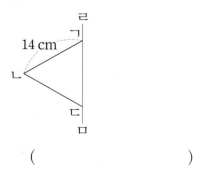

( )

07 직선 ㄱㄴ을 대칭축으로 하는 선대칭도형을 그린 다음, 그린 도형으로 직선 ㄷㄹ을 대칭축으로 하는 선대칭도형을 그려 보세요.

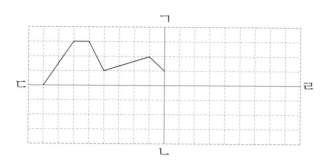

08 직선 ㄱㄴ을 대칭축으로 하는 선대칭도형이 되도록 나머지 부분을 그려서 완성할 때 완성된 도형의 넓이는 몇 cm²인지 구해 보세요.

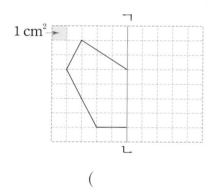

( )

09 삼각형 ㄱㄴㄷ은 선분 ㄹㄷ을 대칭축으로 하는 선대칭도형입니다. 각 ㄱㄷㄴ의 크기를 구해 보세요.

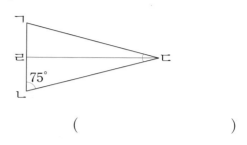

( )

10 삼각형 ㄱㄴㄷ은 선분 ㄱㄹ을 대칭축으로 하는 선대칭도형입니다. 삼각형 ㄱㄴㄷ의 둘레가 28 cm일 때, 선분 ㄹㄷ의 길이는 몇 cm인지 구해 보세요.

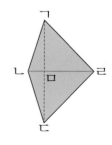

( )

실력 올리기

11 오른쪽 그림은 선분 ㄴㄹ을 대칭축으로 하는 선대칭도형입니다. 선분 ㄴㄹ의 길이가 15 cm이고 사각형 ㄱㄴㄷㄹ의 넓이가 180 cm²일 때, 선분 ㄱㄷ의 길이는 몇 cm인지 구해 보세요.

( )

12 오른쪽 삼각형 ㄱㄴㄷ의 세 변을 각각 대칭축으로 하여 선대칭도형을 그렸습니다. 그린 선대칭도형의 둘레가 가장 길 때와 짧을 때의 차는 몇 cm인지 구해 보세요.

( )

25-1 점대칭도형

- 점대칭도형: 한 도형을 어떤 점을 중심으로 180° 돌렸을 때 처음 도형과 완전히 겹치는 도형
- 대칭의 중심: 점대칭도형에서 도형이 완전히 겹치도록 180° 돌렸을 때 중심이 되는 점

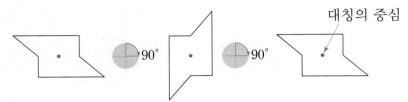

대칭의 중심을 중심으로 180° 돌렸을 때
- 대응점: 겹치는 점
- 대응변: 겹치는 변
- 대응각: 겹치는 각

플러스
- 대칭의 중심은 각각 대응점을 이은 선분들이 만나는 점으로 도형의 한가운데에 위치하고 오직 1개입니다.

대칭의 중심　　대칭의 중심

확인 1 점 ㅇ을 중심으로 180° 돌렸을 때 처음 도형과 완전히 겹치는 도형을 찾아 기호를 쓰고, 이와 같은 도형을 무엇이라고 하는지 써 보세요.

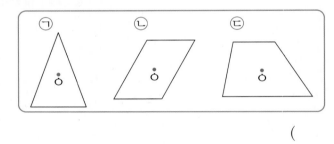

(　　　　　　　　　　　　)

25-2 점대칭도형의 성질

- 각각의 대응변의 길이가 서로 같습니다.
  ⇨ (변 ㄱㄴ)=(변 ㄷㄹ), (변 ㄴㄷ)=(변 ㄹㄱ)
- 각각의 대응각의 크기가 서로 같습니다.
  ⇨ (각 ㄱㄴㄷ)=(각 ㄷㄹㄱ), (각 ㄹㄱㄴ)=(각 ㄴㄷㄹ)

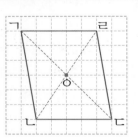

확인 2 점대칭도형을 보고 ☐ 안에 알맞은 수를 써넣으세요.

(1)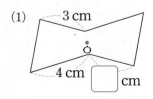

(2)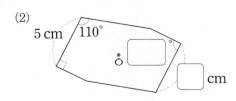

25-3 점대칭도형의 대응점끼리 이은 선분과 대칭의 중심의 관계

- 대칭의 중심은 대응점끼리 이은 선분을 둘로 똑같이 나눕니다.
- 각각의 대응점에서 대칭의 중심까지의 거리가 서로 같습니다.
  ⇨ (선분 ㄱㅇ)=(선분 ㄹㅇ), (선분 ㄴㅇ)=(선분 ㅁㅇ),
    (선분 ㄷㅇ)=(선분 ㅂㅇ)

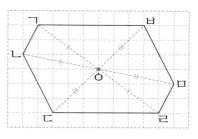

확인 3 점 ㅇ을 대칭의 중심으로 하는 점대칭도형입니다. 길이가 같은 선분을 찾아 □ 안에 알맞게 써넣으세요.

(1) 선분 ㄱㅇ과 선분 □

(2) 선분 ㅂㅇ과 선분 □

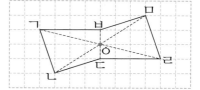

25-4 점대칭도형 그리기

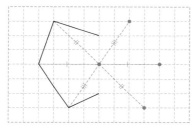 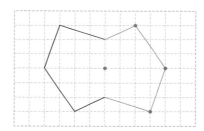

① 각 점에서 대칭의 중심을 지나는 직선을 긋습니다.
② 각 점에서 대칭의 중심까지의 거리가 같도록 직선 위에 각 점의 대응점을 찾아 모두 표시합니다.
③ 대응점을 차례로 이어 점대칭도형이 되도록 그립니다.

확인 4 점대칭도형이 되도록 그림을 완성해 보세요.

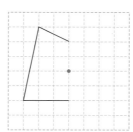

01 점대칭도형입니다. 대칭의 중심을 찾아 표시해 보세요.

(1)

(2)

02 점 ㅇ을 대칭의 중심으로 하는 점대칭도형입니다. □ 안에 알맞은 수를 써넣으세요.

(1)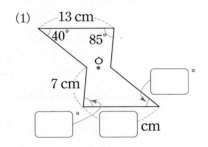

(2)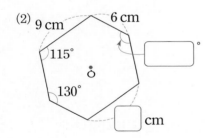

03 점 ㅇ을 대칭의 중심으로 하는 점대칭도형입니다. 각 ㄷㄹㄱ의 크기를 구해 보세요.

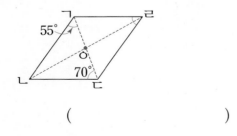

(   )

04 다음 중 선대칭도형이면서 점대칭도형인 글자를 모두 써 보세요.

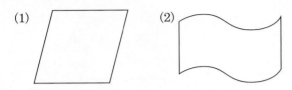

(   )

05 점 ㅇ을 대칭의 중심으로 하는 점대칭도형입니다. 두 대각선의 길이의 합이 36 cm일 때 선분 ㄴㅇ은 몇 cm인지 구해 보세요.

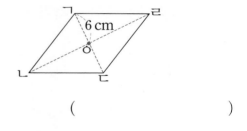

(   )

06 점 ㅇ을 대칭의 중심으로 하는 점대칭도형입니다. 각 ㄷㅇㄹ의 크기를 구해 보세요.

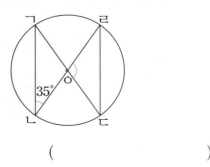

(   )

07 점 ㅇ을 대칭의 중심으로 하는 점대칭도형입니다. 점대칭도형의 둘레는 몇 cm인지 구해 보세요.

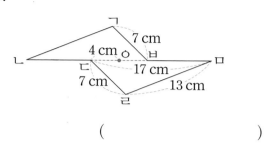

(   )

09 점 ㅇ을 대칭의 중심으로 하는 점대칭도형입니다. 각 ㄴㄷㄹ의 크기를 구해 보세요.

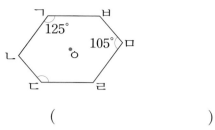

(   )

08 점 ㅇ을 대칭의 중심으로 하는 점대칭도형의 일부분입니다. 완성한 점대칭도형의 넓이는 몇 cm²인지 구해 보세요.

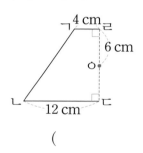

(   )

10 선대칭도형이면서 점대칭도형입니다. 도형의 둘레가 88 cm일 때 선분 ㄱㄴ의 길이는 몇 cm인지 구해 보세요.

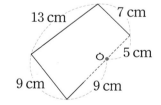

(   )

실력 올리기

11 오른쪽 도형은 점 ㅇ을 대칭의 중심으로 하는 점대칭도형의 일부분입니다. 완성한 점대칭도형의 둘레는 몇 cm인지 구해 보세요.

(   )

12 오른쪽 도형은 점 ㅇ을 대칭의 중심으로 하는 점대칭도형입니다. 사각형 ㄱㄴㄷㄹ이 직사각형이고 변 ㄴㅁ과 선분 ㅁㅇ의 길이가 같을 때 색칠한 부분의 넓이는 몇 cm²인지 구해 보세요.

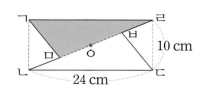

(   )

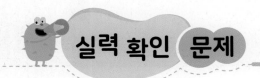

01 다음 설명 중 옳지 않은 것을 골라 기호를 써 보세요.

> ㄱ 합동인 도형에서 대응변의 길이는 서로 같습니다.
> ㄴ 합동인 도형에서 대응각의 크기는 서로 같습니다.
> ㄷ 합동인 두 도형의 모양은 서로 같습니다.
> ㄹ 합동인 도형의 넓이는 서로 같습니다.
> ㅁ 대응각의 크기가 모두 같은 두 삼각형은 합동입니다.

( )

02 도형을 왼쪽으로 뒤집고 시계 반대 방향으로 90°만큼 돌렸을 때의 도형을 그려 보세요.

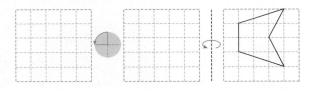

03 돌렸을 때 서로 같은 도형이 되는 방향끼리 짝 지은 것을 골라 기호를 써 보세요.

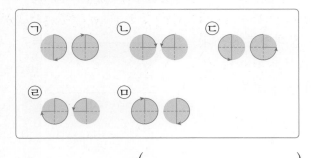

( )

04 대칭축의 수가 많은 순서대로 기호를 써 보세요.

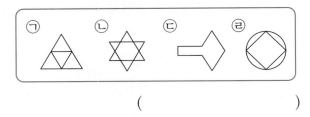

( )

05 오른쪽 도형을 다음과 같이 움직였을 때 나오는 도형이 처음 도형과 같은 것을 모두 찾아 기호를 써 보세요.

> ㄱ 왼쪽으로 5번 뒤집고 오른쪽으로 3번 뒤집기
> ㄴ 아래쪽으로 1번 뒤집고 오른쪽으로 1번 뒤집기
> ㄷ 위쪽으로 4번 뒤집고 왼쪽으로 1번 뒤집기
> ㄹ 오른쪽으로 4번 뒤집고 아래쪽으로 2번 뒤집기

( )

06 오른쪽 도형은 직선 ㅅㅇ을 대칭축으로 하는 선대칭도형입니다. 이 도형의 둘레가 20 cm일 때, 변 ㄷㄹ의 길이는 몇 cm인지 구해 보세요.

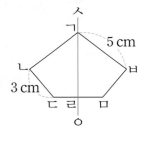

( )

07 다음 중 선대칭도형이면서 점대칭도형인 것을 모두 골라 기호를 써 보세요.

> ㄱ 정삼각형 ㄴ 마름모 ㄷ 직사각형
> ㄹ 평행사변형 ㅁ 정오각형 ㅂ 정육각형

( )

08 수 카드를 아래쪽으로 뒤집었을 때의 수와 처음 수의 차를 구해 보세요.

( )

09 삼각형 ㄱㄴㄷ과 삼각형 ㄱㄹㅁ은 합동인 정삼각형입니다. 각 ㄱㅇㅁ의 크기를 구해 보세요.

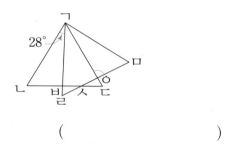

( )

10 사각형 ㄱㄴㄷㄹ과 사각형 ㅁㅂㅅㅇ은 합동인 직사각형입니다. 사각형 ㅁㅂㅅㅇ의 둘레가 42 cm일 때, 사각형 ㄱㄴㄷㄹ의 넓이는 몇 cm²인지 구해 보세요.

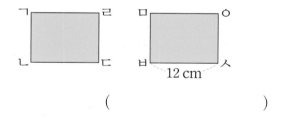

( )

11 한 대각선을 따라 잘랐을 때 서로 합동인 삼각형이 만들어지는 것을 모두 골라 기호를 써 보세요.

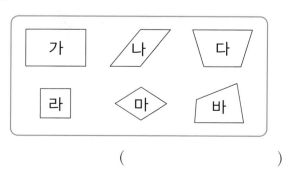

( )

12 오른쪽 도형은 선분 ㄱㄹ을 대칭축으로 하는 선대칭도형입니다. 각 ㄱㄴㄹ의 크기를 구해 보세요.

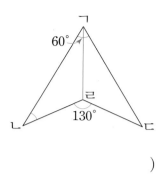

( )

13 평행사변형 ㄱㄴㄷㄹ에서 찾을 수 있는 합동인 삼각형은 모두 몇 쌍인지 구해 보세요.

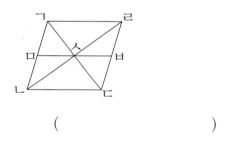

( )

14 점 ㅇ을 대칭의 중심으로 하는 점대칭도형을 완성했을 때 점대칭도형의 넓이는 몇 cm²인지 구해 보세요.

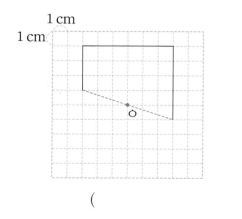

( )

15 선분 ㄱㄷ을 대칭축으로 하는 선대칭도형입니다. 사각형 ㄱㄴㄷㄹ의 넓이는 몇 cm²인지 구해 보세요.

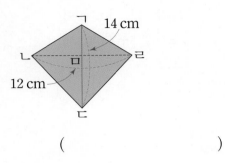

(   )

16 점 ㅇ을 대칭의 중심으로 하는 점대칭도형의 일부분입니다. 완성한 점대칭도형의 둘레는 몇 cm인지 구해 보세요.

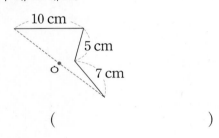

(   )

17 삼각형 ㄱㄴㄷ과 삼각형 ㅁㄹㄷ은 서로 합동입니다. 삼각형 ㄱㄴㄷ의 넓이는 몇 cm²인지 구해 보세요.

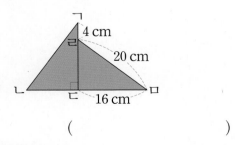

(   )

18 정사각형을 그림과 같이 합동인 직사각형 8개로 나누었습니다. 가장 작은 직사각형 한 개의 둘레가 96 cm라면 처음 정사각형의 한 변의 길이는 몇 cm인지 구해 보세요.

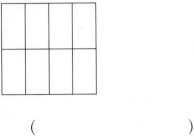

(   )

19 직선 ㅁㅂ을 대칭축으로 하는 선대칭도형의 일부분입니다. 완성된 선대칭도형의 넓이는 몇 cm²인지 구해 보세요.

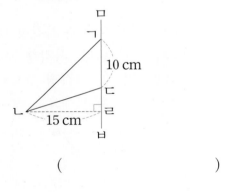

(   )

20 사각형 ㄱㄴㄷㄹ은 선대칭도형입니다. 사각형 ㄱㄴㄷㄹ이 점 ㅇ을 대칭의 중심으로 하는 점대칭도형의 일부분일 때, 완성된 점대칭도형의 넓이는 몇 cm²인지 구해 보세요.

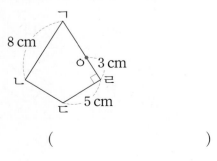

(   )

입체도형(1)

26-1 **직육면체**

• 직육면체: 직사각형 6개로 둘러싸인 도형

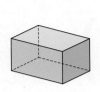 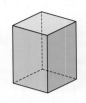 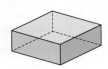

확인 **1** 직육면체를 모두 찾아 ○표 하세요.

 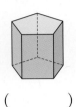

(   )   (   )   (   )   (   )

26-2 **직육면체의 구성 요소**

직육면체에서

• 면: 선분으로 둘러싸인 부분
• 모서리: 면과 면이 만나는 선분
• 꼭짓점: 모서리와 모서리가 만나는 점

꼭짓점
모서리 →
면

➕ 플러스

• 직육면체에서 서로 평행한 모서리의 길이는 같습니다.
• 직육면체에서 길이가 같은 모서리는 4개씩 3쌍입니다.

면의 모양	면의 수(개)	모서리의 수(개)	꼭짓점의 수(개)
직사각형	6	12	8

확인 **2** 직육면체의 각 부분의 이름을 □ 안에 알맞게 써넣으세요.

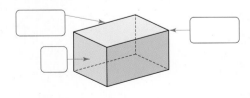

26-3 정육면체

- 정육면체: 정사각형 6개로 둘러싸인 도형

플러스

- 정육면체의 특징
  ① 6개의 면이 모두 합동입니다.
  ② 모서리의 길이가 모두 같습니다.

확인 3 정육면체를 모두 찾아 ○표 하세요.

(　　　)　　(　　　)　　(　　　)　　(　　　)

26-4 직육면체와 정육면체의 비교

- 직육면체와 정육면체의 공통점과 차이점

	공통점			차이점	
	면의 수(개)	모서리의 수(개)	꼭짓점의 수(개)	면의 모양	모서리의 길이
직육면체	6	12	8	직사각형	길이가 같은 모서리가 4개씩 3쌍입니다.
정육면체				정사각형	모두 같습니다.

플러스

- 정육면체의 면의 모양은 정사각형이고 정사각형은 직사각형이라고 할 수 있으므로 정육면체는 직육면체라고 할 수 있습니다.

- 직육면체와 정육면체의 관계
  ① 정육면체는 직육면체라고 할 수 있습니다.
  ② 직육면체는 정육면체라고 할 수 없습니다.

확인 4 직육면체와 정육면체의 특징을 나타낸 것입니다. 관계있는 것끼리 선으로 이어 보세요.

직육면체　　　　정육면체

직사각형으로 이루어짐　　　꼭짓점의 수 8개　　　모든 모서리의 길이가 같음

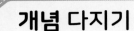

01 직육면체에서 빗금 친 면을 본뜬 모양은 어떤 도형인가요?

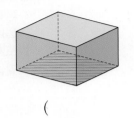

(　　　　　　　　　　)

02 □ 안에 알맞은 말을 써넣으세요.

> 직육면체에서 선분으로 둘러싸인 부분을 □,
> 면과 면이 만나는 선분을 □,
> 모서리와 모서리가 만나는 점을 □
> (이)라고 합니다.

03 정육면체를 보고 □ 안에 알맞은 수를 써넣으세요.

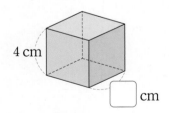

4 cm

□ cm

04 직육면체와 정육면체의 특징을 표로 나타낸 것입니다. 빈칸에 알맞게 써넣으세요.

	면의 모양	면의 수 (개)	모서리의 수(개)	꼭짓점의 수(개)
직육면체			12	
정육면체				8

05 직육면체를 보고 빈칸에 알맞은 수를 써넣으세요.

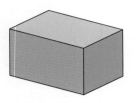

보이는 면의 수(개)	보이는 모서리의 수(개)	보이는 꼭짓점의 수(개)

06 직육면체에 대한 설명으로 틀린 것을 찾아 기호를 써 보세요.

> ㉠ 면의 수는 6개입니다.
> ㉡ 크기가 같은 면은 2개씩 3쌍입니다.
> ㉢ 모서리의 수는 꼭짓점의 수의 2배입니다.
> ㉣ 길이가 같은 모서리는 4개씩 3쌍입니다.

(　　　　　　　　　　)

07 다음 중 틀린 것을 모두 찾아 기호를 써 보세요.

> ㉠ 정육면체는 직육면체라고도 할 수 있습니다.
> ㉡ 정육면체는 면의 모양과 크기가 모두 같습니다.
> ㉢ 직육면체는 정육면체라고 할 수 있습니다.
> ㉣ 직육면체와 정육면체는 꼭짓점의 수가 같습니다.
> ㉤ 직육면체의 모서리의 길이는 모두 같습니다.

(　　　　　　　　　　)

08 직육면체에서 색칠한 면의 넓이는 몇 cm²인지 구해 보세요.

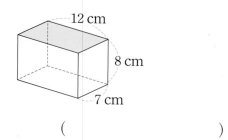

(   )

09 직육면체의 모든 모서리의 길이의 합은 몇 cm인지 구해 보세요.

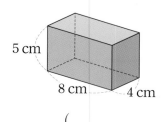

(   )

10 정육면체의 모든 면의 넓이의 합은 몇 cm²인지 구해 보세요.

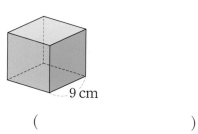

(   )

11 정육면체의 모든 모서리의 길이의 합은 144 cm입니다. 면 ㄴㅂㅅㄷ의 둘레는 몇 cm인지 구해 보세요.

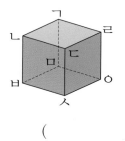

(   )

실력 올리기

12 직육면체를 잘라서 만들 수 있는 가장 큰 정육면체의 모든 모서리의 길이의 합은 몇 cm인지 구해 보세요.

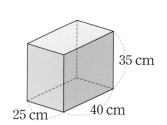

(   )

13 오른쪽 직육면체와 정육면체의 모든 모서리의 길이의 합이 같습니다. 정육면체의 한 면의 넓이는 몇 cm²인지 구해 보세요.

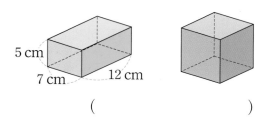

(   )

27-1 직육면체에서 서로 마주 보는 면의 관계

· **직육면체의 밑면**: 직육면체에서 서로 평행한 두 면

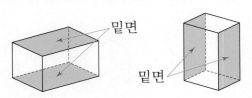

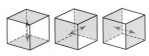

플러스
· 직육면체에서 평행한 면

마주 보고 있는 면은 서로 평행하고 서로 평행한 면은 모두 3쌍입니다.

➡ 직육면체에는 3쌍의 평행한 면이 있고 이 평행한 면은 각각 밑면이 될 수 있습니다.

확인 1 직육면체를 보고 주어진 면과 평행한 면을 써 보세요.

면 ㄱㄴㄷㄹ — 면 (   )
면 ㄴㅂㅅㄷ — 면 (   )
면 ㄷㅅㅇㄹ — 면 (   )

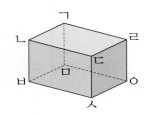

27-2 직육면체에서 서로 만나는 두 면 사이의 관계

· 삼각자 3개를 그림과 같이 놓았을 때 다음의 면들은 각각 수직입니다.
　— 면 ㄱㄴㄷㄹ과 면 ㄷㅅㅇㄹ, 면 ㄴㅂㅅㄷ과 면 ㄷㅅㅇㄹ,
　　면 ㄱㄴㄷㄹ과 면 ㄴㅂㅅㄷ

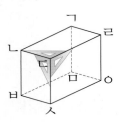

· **직육면체의 옆면**: 직육면체에서 밑면과 수직인 면

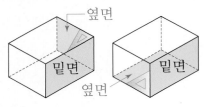

직육면체에서 면과 면은 모두 수직으로 만나.

➡ 직육면체에서 한 면에 수직인 면은 4개입니다.

확인 2 직육면체를 보고 물음에 답하세요.

(1) 꼭짓점 ㄷ과 만나는 면을 모두 써 보세요.
　　　　　(　　　　　　　　　　　　　　　　)

(2) 알맞은 말에 ○표 하세요.

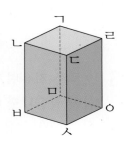

꼭짓점 ㄷ과 만나는 면들에 삼각자를 대어 보면 꼭짓점 ㄷ을 중심으로 모두 (수직, 평행)입니다.

01 직육면체에서 색칠한 면과 평행한 면을 찾아 색칠해 보세요.

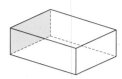

02 직육면체에서 색칠한 면을 밑면으로 할 때 옆면을 모두 찾아 써 보세요.

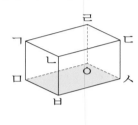

(   )

03 직육면체에서 서로 평행한 면은 모두 몇 쌍인지 구해 보세요.

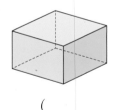

(   )

04 직육면체에서 색칠한 두 면이 만나서 이루는 각의 크기를 구해 보세요.

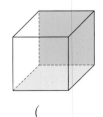

(   )

05 직육면체에서 색칠한 면과 평행한 면의 둘레와 넓이를 각각 구해 보세요.

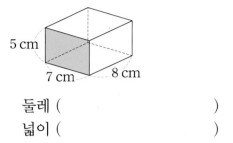

둘레 (   )
넓이 (   )

06 직육면체에서 색칠한 두 면에 공통으로 수직인 면을 모두 써 보세요.

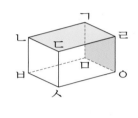

(   )

07 오른쪽 주사위에서 서로 평행한 두 면의 눈의 수의 합은 7입니다. 눈의 수가 2인 면과 수직인 면들의 눈의 수의 합은 얼마인지 구해 보세요.

(   )

실력 올리기

08 각 면에 서로 다른 색이 칠해진 정육면체를 세 방향에서 본 것입니다. 노란색 면과 평행한 면은 무슨 색인지 써 보세요.

(   )

28-1 직육면체의 겨냥도

• **직육면체의 겨냥도**: 직육면체 모양을 잘 알 수 있도록 보이는 모서리는 실선으로 보이지 않는 모서리는 점선으로 나타낸 그림

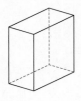 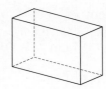

면의 수(개)		모서리의 수(개)		꼭짓점의 수(개)	
보이는 면	보이지 않는 면	보이는 모서리	보이지 않는 모서리	보이는 꼭짓점	보이지 않는 꼭짓점
3	3	9	3	7	1

확인 1 직육면체의 겨냥도를 바르게 그린 것에 ○표 하세요.

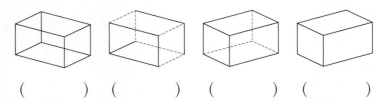

(   ) (   ) (   ) (   )

28-2 직육면체에서 겨냥도 그리는 방법

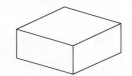 ⇨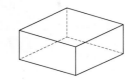

보이는 모서리를 실선으로 그립니다.

보이지 않는 모서리를 점선으로 그립니다.

> 겨냥도를 그릴 때 마주 보는 모서리는 평행하게 그리고, 평행한 모서리끼리 같은 길이로 그려.

확인 2 그림에서 빠진 부분을 그려 넣어 직육면체의 겨냥도를 완성해 보세요.

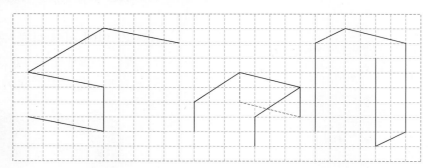

01 직육면체의 겨냥도에 대한 설명 중 틀린 것을 찾아 기호를 써 보세요.

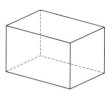

> ㉠ 보이는 면의 수는 3개입니다.
> ㉡ 보이지 않는 모서리는 3개입니다.
> ㉢ 보이는 꼭짓점은 8개입니다.

(　　　　　　　　)

02 직육면체의 겨냥도를 그리는 방법을 설명한 것입니다. 틀린 것을 찾아 기호를 써 보세요.

> ㉠ 보이는 모서리는 실선으로 그립니다.
> ㉡ 보이는 면은 직사각형 모양으로 그립니다.
> ㉢ 보이지 않는 모서리는 점선으로 그립니다.
> ㉣ 마주 보는 모서리는 평행하게 그립니다.

(　　　　　　　　)

03 직육면체의 겨냥도에서 보이지 않는 모서리의 길이의 합은 몇 cm인지 구해 보세요.

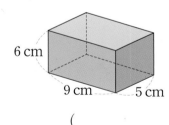

(　　　　　　　　)

04 정육면체의 겨냥도에서 보이는 모서리의 길이의 합이 54 cm일 때 보이지 않는 면의 넓이의 합은 몇 cm²인지 구해 보세요.

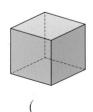

(　　　　　　　　)

05 오른쪽 직육면체를 서로 다른 두 방향에서 본 겨냥도를 그리려고 합니다. □ 안에 알맞은 수를 써넣으세요.

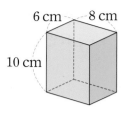

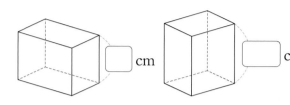

06 직육면체의 겨냥도에서 보이지 않는 모서리의 길이의 합이 24 cm일 때 모든 모서리의 길이의 합은 몇 cm인지 구해 보세요.

(　　　　　　　　)

실력 올리기

07 어떤 직육면체를 위와 앞에서 본 모양입니다. 이 직육면체의 겨냥도를 그리고, 겨냥도에 모서리의 길이를 표시해 보세요.

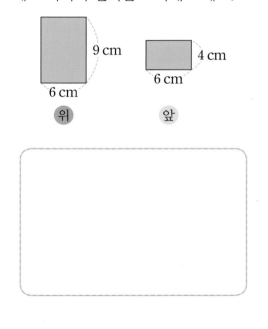

29-1 **정육면체의 전개도**

• **정육면체의** 전개도: 정육면체의 모서리를 잘라서 펼쳐 놓은 그림

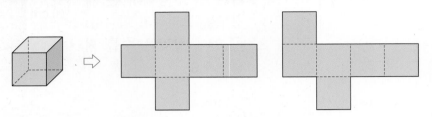

⇨ 모서리를 자르는 방법에 따라 여러 가지 모양의 전개도가 나올 수 있습니다.

• 전개도에서 잘린 모서리는 실선으로, 잘리지 않은 모서리는 점선으로 표시합니다.

➕ **플러스**

• 정육면체 전개도의 특징
  ① 정사각형 6개로 이루어져 있습니다.
  ② 접었을 때 서로 겹치는 면이 없습니다.
  ③ 접었을 때 평행한 면이 3쌍, 한 면과 수직인 면이 4개입니다.
  ④ 접었을 때 만나는 모서리의 길이가 같습니다.

확인 1 정육면체의 전개도를 모두 찾아 ○표 하세요.

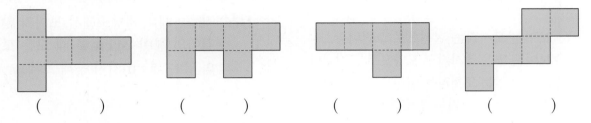

(   )   (   )   (   )   (   )

29-2 **정육면체의 전개도 알아보기**

오른쪽 전개도를 접었을 때

• 점 ㄱ과 만나는 점: 점 ㅋ
• 선분 ㄱㄴ과 겹치는 선분: 선분 ㅋㅊ
• 면 가와 평행한 면: 면 다
• 면 가와 수직인 면: 면 나, 면 라, 면 마, 면 바
  ⇨ 4개

➕ **플러스**

• 면 가와 만나는 면들의 공통점
  ① 면 가와 수직으로 만납니다.
  ② 면 가와 평행한 면 다와 수직으로 만납니다.
  ③ 면 가의 모서리, 면 가의 꼭짓점과 만납니다.

확인 2 전개도를 접어서 정육면체를 만들었을 때 색칠한 면과 평행한 면에 색칠해 보세요.

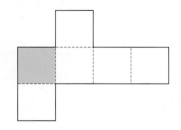

29-3 직육면체의 전개도 알아보기

오른쪽 전개도를 접었을 때

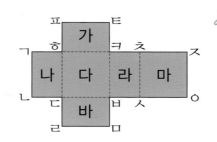

- 점 ㄱ과 만나는 점: 점 ㅈ, 점 ㅍ
- 선분 ㄱㄴ과 겹치는 선분: 선분 ㅈㅇ
- 서로 평행한 면: 면 가와 면 바, 면 나와 면 라,
  면 다와 면 마 ⇨ 3쌍
- 면 다와 수직인 면: 면 가, 면 나, 면 라, 면 바
  ⇨ 4개
- 한 꼭짓점에서 만나는 모서리의 수: 3개
- 한 꼭짓점에서 만나는 면의 수: 3개

➕ 플러스

- 정육면체와 직육면체 전개도의 공통점
  ① 6개의 면으로 이루어져 있습니다.
  ② 마주 보는 3쌍의 면의 모양과 크기가 서로 같습니다.
  ③ 한 면에 수직인 면이 4개 있습니다.

확인 **3** 오른쪽 전개도를 접어서 직육면체를 만들었을 때 색칠한 면과 수직인 면에 모두 색칠해 보세요.

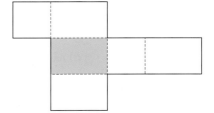

29-4 직육면체의 전개도 그리기

- 직육면체의 전개도를 그리는 방법
  ① 잘린 모서리는 실선으로, 잘리지 않은 모서리는 점선으로 그립니다.
  ② 접었을 때 서로 평행한 면은 모양과 크기가 같게 그립니다.
  ③ 접었을 때 만나는 모서리의 길이를 같게 그립니다.

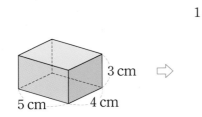

⇨

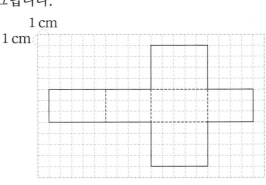

확인 **4** 직육면체를 보고 전개도를 완성해 보세요.

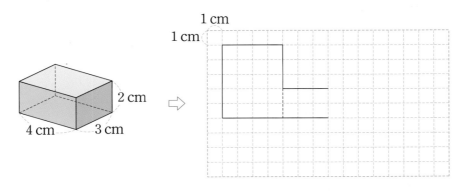

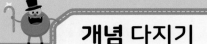
01 직육면체의 전개도를 정확하게 그렸는지 확인하는 방법을 바르게 나타내어 보세요.

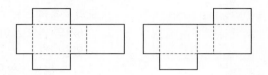

바르게 그린 직육면체의 전개도에는 모양과 크기가 같은 면이 ☐ 쌍 있습니다. 또한 접었을 때 겹치는 면이 (있고 , 없고) 만나는 모서리의 길이가 (같습니다 , 다릅니다).

02 전개도를 접어서 정육면체를 만들었습니다. 물음에 답하세요.

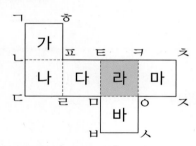

(1) 색칠한 면과 수직인 면을 모두 찾아 써 보세요.
(   )

(2) 주어진 선분과 겹쳐지는 선분을 써 보세요.
선분 ㅎㅍ과 선분 (   )
선분 ㅌㅋ과 선분 (   )

03 직육면체의 전개도를 그린 것입니다. ☐ 안에 알맞은 수를 써넣으세요.

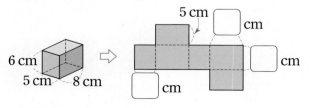

04 전개도를 접어서 직육면체를 만들었을 때 점 ㅋ과 만나는 점을 모두 써 보세요.

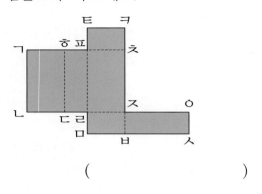

(   )

05 오른쪽 정육면체의 모서리를 잘라서 정육면체의 전개도를 만들었습니다. ☐ 안에 알맞은 기호를 써넣으세요.

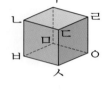

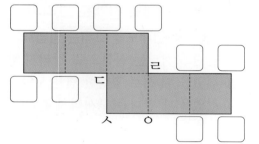

06 직육면체의 전개도를 찾아 기호를 써 보세요.

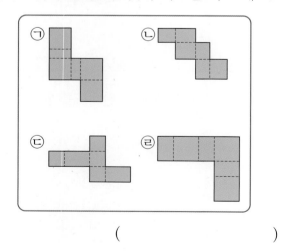

(   )

07 색칠한 부분을 오려내고 접어서 직육면체를 만들려고 합니다. 전개도를 완성해 보세요.

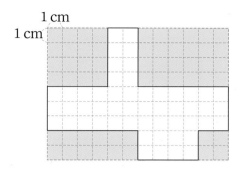

08 직육면체의 전개도에서 면 ㅍㅎㅋㅌ의 둘레는 몇 cm인지 구해 보세요.

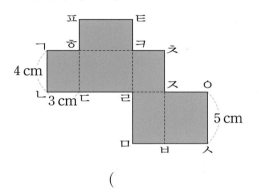

(   )

09 전개도로 주사위를 만들려고 합니다. 주사위에서 서로 평행한 두 면의 눈의 수의 합이 7일 때, ★이 그려진 면에 알맞은 눈의 수는 얼마인지 구해 보세요.

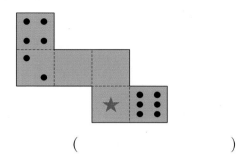

(   )

10 그림과 같이 직육면체에 색 테이프를 붙였습니다. 색 테이프가 지나간 자리를 전개도에 나타내어 보세요.

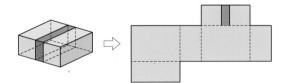

 실력 올리기

11 한 모서리의 길이가 2 cm인 정육면체의 전개도를 4가지 방법으로 그려 보세요.

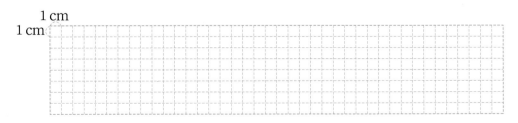

12 그림과 같이 직육면체에 선을 그었습니다. 선이 지나간 자리를 전개도에 나타내어 보세요.

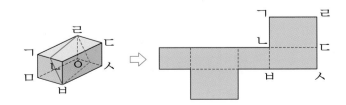

30-1 쌓은 모양과 위에서 본 모양으로 쌓기나무의 개수 알아보기

• 쌓은 모양에서 보이는 위의 면과 위에서 본 모양이 같은 경우

위에서 본 모양

위에서 본 모양과 쌓은 모양에서 보이는 위의 면이 같으므로 숨겨진 쌓기나무가 없습니다.

⇨ (쌓기나무의 개수)＝6＋4＋4＝14(개)

• 쌓은 모양에서 보이는 위의 면과 위에서 본 모양이 다른 경우

위에서 본 모양

위에서 본 모양과 쌓은 모양에서 보이는 위의 면이 다르므로 뒤에서 보았을 때 나올 수 있는 쌓은 모양은 다음과 같이 2가지입니다.

　또는　

6＋3＋3＝12(개)　　6＋4＋3＝13(개)

확인 1 오른쪽 모양과 똑같이 쌓는 데 필요한 쌓기나무의 개수를 구해 보세요.

위에서 본 모양

(　　　　　　　　)

30-2 쌓은 모양을 보고 위, 앞, 옆에서 본 모양 알아보기

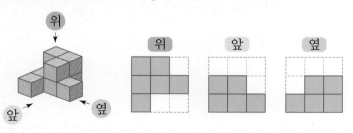

 플러스

• 위에서 본 모양으로 바닥에 놓인 쌓기나무의 개수를 알 수 있습니다.
• 앞, 옆에서 본 모양으로 쌓기나무를 몇 층까지 쌓았는지 알 수 있습니다.

확인 2 쌓기나무로 쌓은 모양과 위에서 본 모양입니다. 앞과 옆에서 본 모양을 각각 그려 보세요.

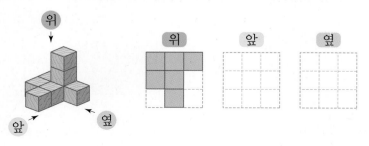

30-3 위에서 본 모양에 수를 써서 쌓은 모양과 쌓기나무의 개수 알아보기

- 쌓은 모양을 위에서 본 모양에 수를 써서 나타내기

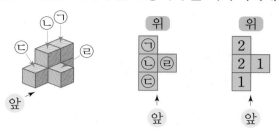

⇨ 똑같은 모양으로 쌓는 데 필요한 쌓기나무는 2+2+1+1=6(개)입니다.

- 위에서 본 모양에 수를 쓴 것을 보고 쌓은 모양 알아보기

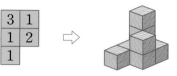

⇨ 위에서 본 모양에 쓰여 있는 수를 보고 쌓기나무로 쌓은 모양을 정확하게 알 수 있습니다.

확인 3 쌓기나무로 쌓은 모양을 보고 위에서 본 모양에 수를 썼습니다. 쌓기나무를 바르게 쌓은 모양에 ○표 하세요.

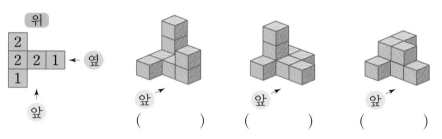

(   )   (   )   (   )

30-4 위, 앞, 옆에서 본 모양을 보고 쌓은 쌓기나무의 개수 알아보기

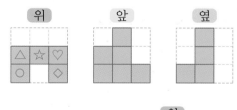

- 앞에서 본 모양을 통해 ◇ 부분과 ♡ 부분은 각각 1개씩이고, ☆ 부분은 3개, △ 부분과 ○ 부분은 2개 이하입니다.
- 옆에서 본 모양을 통해 ○ 부분은 1개이고, △ 부분은 2개입니다.

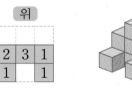 ⇨ 2+3+1+1+1=8(개)

확인 4 오른쪽 그림은 쌓기나무로 쌓은 모양을 위, 앞, 옆에서 본 모양입니다. 똑같은 모양으로 쌓는 데 필요한 쌓기나무의 개수를 알아보세요.

(1) 앞에서 본 모양을 보면 쌓기나무는 ㉠에 ☐ 개, ㉢에 ☐ 개, ㉤에 ☐ 개가 놓입니다.

(2) 앞, 옆에서 본 모양을 보면 쌓기나무는 ㉡에 ☐ 개, ㉣에 ☐ 개가 놓입니다.

(3) 똑같은 모양으로 쌓는 데 필요한 쌓기나무는 ☐ 개입니다.

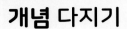
01 쌓기나무로 쌓은 모양을 보고 위에서 본 모양을 그렸습니다. 관계있는 것끼리 선으로 이어 보세요.

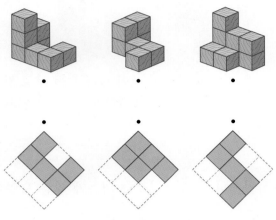

02 주어진 모양과 똑같이 쌓는 데 필요한 쌓기나무의 개수를 구해 보세요.

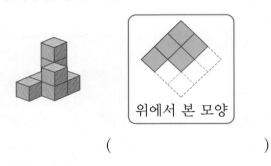

위에서 본 모양

(   )

03 쌓기나무로 쌓은 모양을 보고 위에서 본 모양에 수를 써 보세요.

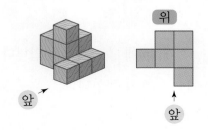

04 쌓기나무로 쌓은 모양과 위에서 본 모양입니다. 만들 수 있는 쌓기나무를 뒤에서 본 모양을 모두 찾아 기호를 써 보세요.

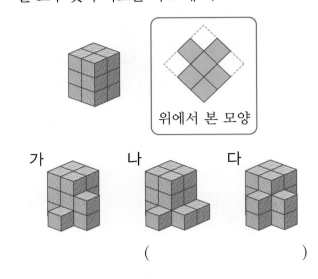

위에서 본 모양

가   나   다

(   )

05 쌓기나무를 쌓은 모양과 위에서 본 모양입니다. 앞과 옆에서 본 모양을 각각 그려 보세요.

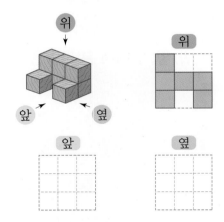

06 쌓기나무로 쌓은 모양을 보고 위에서 본 모양에 수를 썼습니다. 옆에서 본 모양을 그려 보세요.

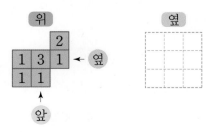

07 쌓기나무로 쌓은 모양을 위, 앞, 옆에서 본 모양입니다. 똑같은 모양으로 쌓는 데 필요한 쌓기나무의 개수를 구해 보세요.

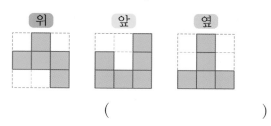

(   )

08 쌓기나무로 쌓은 모양과 위에서 본 모양입니다. 여기에 쌓기나무를 더 쌓아 가장 작은 정육면체 모양을 만들려고 할 때 쌓기나무는 몇 개 더 필요한지 구해 보세요.

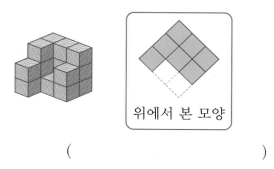

위에서 본 모양

(   )

 실력 올리기

09 쌓기나무를 붙여서 만든 모양을 구멍이 있는 상자에 넣으려고 합니다. 두 상자에 모두 넣을 수 있는 모양을 찾아 기호를 써 보세요.

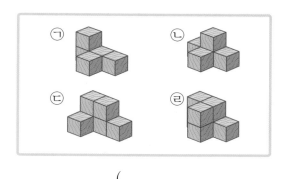

(   )

10 쌓기나무로 쌓은 모양을 위, 앞, 옆에서 본 모양입니다. 똑같은 모양으로 쌓는 데 필요한 쌓기나무의 개수가 가장 많을 때와 가장 적을 때는 각각 몇 개인지 구해 보세요.

가장 많을 때 (   )

가장 적을 때 (   )

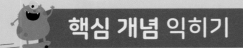

31-1 쌓은 모양을 보고 층별로 나타낸 모양 그리기

위에서 본 모양에서 같은 위치에 있는 층은 같은 위치에 그림을 그립니다.

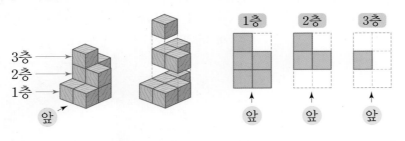

2층을 [ ]와 같이 그리면 쌓은 모양이 달라지므로 위치에 맞게 그려야 해.

확인 1 쌓기나무로 쌓은 모양과 1층 모양을 보고 2층과 3층 모양을 각각 그려 보세요.

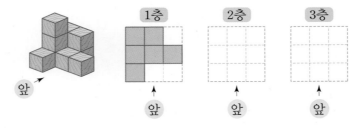

31-2 층별로 나타낸 모양을 보고 쌓기나무의 개수 구하기

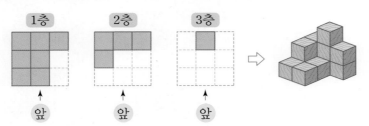

쌓기나무로 쌓은 모양을 위에서 본 모양은 1층의 모양과 같아.

(쌓기나무의 개수)=7＋4＋1＝12(개)

⇨ 층별로 나타낸 모양대로 쌓기나무를 쌓으면 쌓은 모양을 정확하게 알 수 있습니다.

확인 2 쌓기나무로 쌓은 모양을 층별로 나타낸 모양을 보고 쌓은 모양을 찾아 기호를 써 보세요.

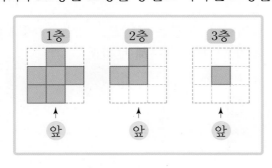

가   나   다

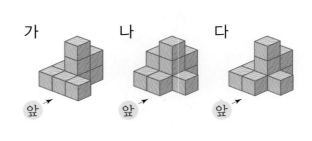

(   )

01 쌓기나무로 쌓은 모양을 층별로 나타낸 모양입니다. 똑같은 모양으로 쌓는 데 필요한 쌓기나무는 몇 개인지 구해 보세요.

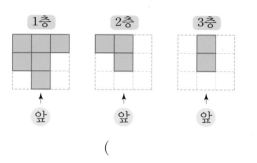

(   )

02 쌓기나무로 쌓은 모양을 보고 위에서 본 모양에 수를 썼습니다. 2층과 3층의 모양을 각각 그려 보세요.

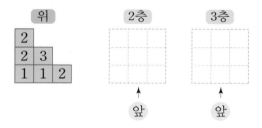

03 쌓기나무로 쌓은 모양을 층별로 나타낸 모양을 보고 위, 앞, 옆에서 본 모양을 그려 보세요.

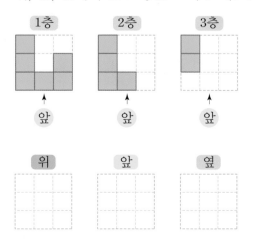

04 쌓기나무로 1층 위에 2층과 3층을 쌓으려고 합니다. (단, 같은 모양을 중복해서 쌓을 수 없음) 1층 모양을 보고 쌓을 수 있는 2층과 3층 모양으로 알맞은 것을 각각 찾아 기호를 써 보세요.

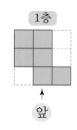

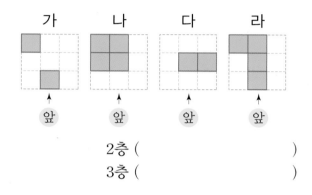

2층 (   )

3층 (   )

05 쌓기나무로 쌓은 모양을 보고 위에서 본 모양에 수를 쓴 것입니다. 전체 쌓기나무의 개수와 3층과 4층에 쌓인 쌓기나무의 개수의 차는 몇 개인지 구해 보세요.

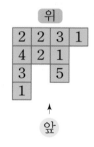

(   )

실력 올리기

06 쌓기나무 9개를 사용하여 |조건|을 만족하도록 쌓으려고 합니다. 만들 수 있는 서로 다른 모양은 모두 몇 가지인지 구해 보세요.

> ┌ 조건 ┐
> • 위에서 본 모양은 오른쪽과 같습니다.
> • 3층짜리 모양입니다.
> • 앞에서 본 모양과 옆에서 본 모양은 같습니다.

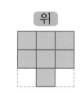

(   )

01 직육면체를 모두 고르세요. (   )

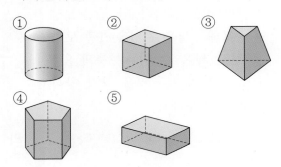

02 직육면체와 정육면체에 대하여 잘못 설명한 것을 찾아 기호를 써 보세요.

> ㉠ 직육면체는 정육면체라고 할 수 있습니다.
> ㉡ 직육면체의 꼭짓점은 8개입니다.
> ㉢ 정육면체의 모서리의 길이는 모두 같습니다.
> ㉣ 직육면체의 면의 모양은 직사각형입니다.
> ㉤ 정육면체의 모서리는 12개입니다.

(   )

03 오른쪽 직육면체에서 면 ㄱㄴㄷㄹ을 밑면으로 할 때 옆면이 될 수 없는 면은 어느 것입니까?

(   )

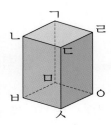

① 면 ㄴㅂㅁㄱ   ② 면 ㄱㅁㅇㄹ
③ 면 ㄴㅂㅅㄷ   ④ 면 ㄷㅅㅇㄹ
⑤ 면 ㅁㅂㅅㅇ

04 직육면체에서 면 ㄴㅂㅁㄱ과 면 ㅁㅂㅅㅇ이 만나서 이루는 각의 크기를 구해 보세요.

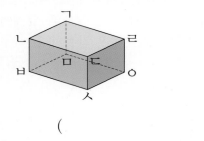

(   )

05 주어진 모양과 똑같이 쌓는 데 필요한 쌓기 나무의 개수를 구해 보세요.

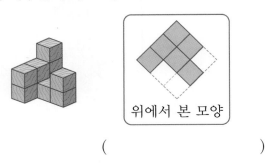

위에서 본 모양

(   )

06 직육면체의 전개를 모두 골라 기호를 써 보세요.

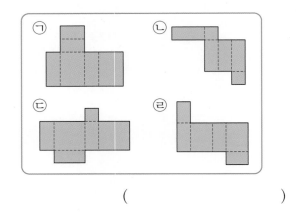

(   )

07 쌓기나무로 쌓은 모양을 층별로 나타낸 모양을 보고 똑같은 모양으로 쌓는 데 필요한 쌓기나무는 몇 개인지 구해 보세요.

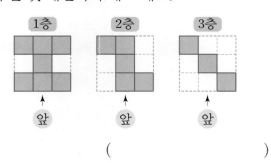

(   )

08 전개도를 접어서 직육면체를 만들었을 때 면 나와 만나는 모서리가 없는 면을 찾아 써 보세요.

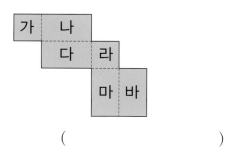

(   )

09 직육면체의 전개도에서 선분 ㅂㅅ의 길이는 몇 cm인지 구해 보세요.

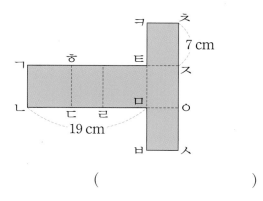

(   )

10 쌓기나무로 쌓은 모양을 보고 위에서 본 모양에 수를 썼습니다. 앞과 옆에서 본 모양을 각각 그려 보세요.

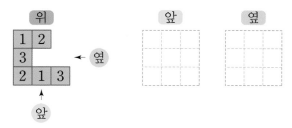

11 직육면체의 겨냥도에서 보이지 않는 모서리의 길이의 합이 30 cm일 때 색칠한 면의 둘레는 몇 cm인지 구해 보세요.

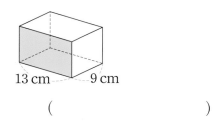

(   )

12 쌓기나무 13개로 쌓은 모양입니다. 위에서 본 모양을 그려 보세요.

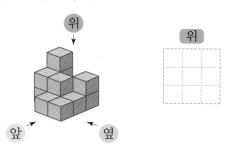

13 전개도를 접어 만든 직육면체의 모든 모서리의 길이의 합은 몇 cm인지 구해 보세요.

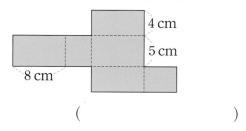

(   )

14 그림과 같은 직육면체와 모든 모서리의 길이의 합이 같은 정육면체가 있습니다. 이 정육면체의 한 면의 넓이는 몇 cm²인지 구해 보세요.

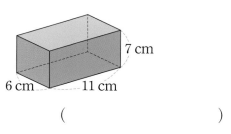

(   )

15 다음은 각 면에 서로 다른 수가 적혀 있는 정육면체를 각각 다른 방향에서 본 것입니다. 서로 평행한 면에 적힌 수의 합이 일정하다면 그 합은 얼마인지 구해 보세요.

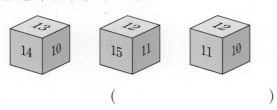

(   )

16 쌓기나무로 쌓은 모양을 위, 앞, 옆에서 본 모양입니다. 똑같은 모양으로 쌓는 데 필요한 쌓기나무의 수를 구해 보세요.

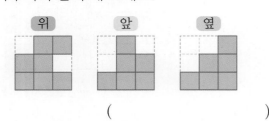

(   )

17 직육면체를 위와 앞에서 본 모양입니다. 이 직육면체의 모든 면의 넓이의 합은 몇 cm²인지 구해 보세요.

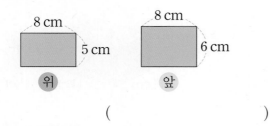

(   )

18 수정이는 친구의 생일 선물을 리본 끈을 사용하여 포장하였습니다. 매듭을 묶는 데 사용한 리본 끈의 길이가 20 cm라면 수정이가 사용한 리본 끈의 길이는 모두 몇 cm인지 구해 보세요.

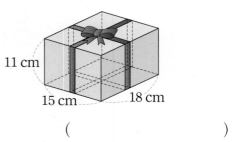

(   )

19 위, 앞, 옆에서 본 모양이 모두 오른쪽과 같게 만들기 위해 필요한 쌓기나무는 몇 개인지 구해 보세요.

(   )

20 오른쪽 그림과 같이 직육면체에 선을 그었습니다. 직육면체의 전개도에 선이 지나간 자리를 나타내어 보세요.

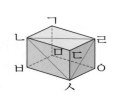

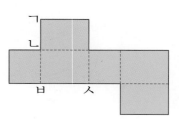

입체도형(2)

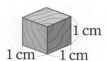

32-1 **부피의 단위 1 cm³**

- 부피: 어떤 물건이 공간에서 차지하는 크기
- 부피의 단위 **1 cm³**: 한 모서리의 길이가 1 cm인 정육면체의 부피

1 cm

쓰기 1 cm^3 읽기 1 세제곱센티미터

확인 1 그림을 보고 □ 안에 알맞게 써넣으세요.

한 모서리의 길이가 1 cm인 정육면체의 부피를 ☐ (이)라

쓰고, ☐ (이)라고 읽습니다.

32-2 **직육면체의 부피 구하기**

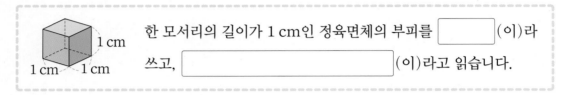

- 직육면체의 부피 구하기

> (직육면체의 부피)
> =(가로)×(세로)×(높이)
> =(밑면의 넓이)×(높이)

(쌓기나무의 수)=4×3×2=24(개)
⇨ (직육면체의 부피)=4×3×2=24(cm³)

- 정육면체의 부피 구하기

> (정육면체의 부피)
> =(한 모서리의 길이)×(한 모서리의 길이)
>   ×(한 모서리의 길이)

(쌓기나무의 수)=2×2×2=8(개)
⇨ (정육면체의 부피)=2×2×2=8(cm³)

확인 2 부피가 1 cm³인 쌓기나무를 다음과 같이 쌓았습니다. 쌓기나무의 수를 곱셈식으로 나타내고 직육면체의 부피를 구해 보세요.

(1)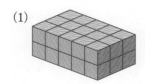

(쌓기나무의 수)= ☐ × ☐ × ☐ = ☐ (개)

⇨ (직육면체의 부피)= ☐ × ☐ × ☐ = ☐ (cm³)

(2)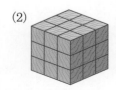

(쌓기나무의 수)= ☐ × ☐ × ☐ = ☐ (개)

⇨ (직육면체의 부피)= ☐ × ☐ × ☐ = ☐ (cm³)

32-3 **부피의 큰 단위 1 m³**

• 부피의 단위 **1 m³** : 한 모서리의 길이가 1 m인 정육면체의 부피

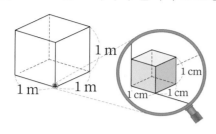

쓰기 $1 \, m^3$ 읽기 1 세제곱미터

확인 3 □ 안에 알맞게 써넣으세요.

한 모서리의 길이가 1 m인 정육면체의 부피를 □(이)라 쓰고,

□(이)라고 읽습니다.

32-4 **1 m³와 1 cm³의 관계**

• 부피가 1 cm³인 쌓기나무를 사용하여 1 m³와 1 cm³의 관계 알아보기

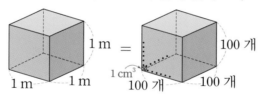

한 모서리의 길이가 1 m인 정육면체를 쌓는 데 부피가 1 cm³인 쌓기나무가 가로, 세로, 높이에 각각 100개씩 모두 $100 \times 100 \times 100 = 1000000$ (개) 필요합니다.

$$1 \, m^3 = 1000000 \, cm^3$$

확인 4 오른쪽 직육면체를 보고 □ 안에 알맞은 수를 써넣으세요.

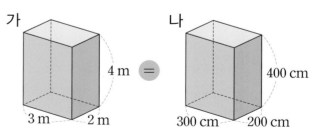

(1) (가의 부피)$=3 \times \boxed{} \times \boxed{} = \boxed{}$ (m³)

(2) (나의 부피)$=300 \times \boxed{} \times \boxed{}$

$= \boxed{}$ (cm³)

(3) 24 m³$= \boxed{}$ cm³

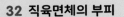

01 직육면체의 부피를 구하여 ☐ 안에 알맞은 수를 써넣으세요.

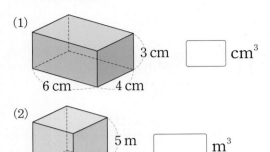

(1) ☐ cm³

(2) ☐ m³

02 ☐ 안에 알맞은 수를 써넣으세요.

(1) 5 m³ = ☐ cm³

(2) 2.48 m³ = ☐ cm³

(3) 830000000 cm³ = ☐ m³

(4) 12500000 cm³ = ☐ m³

03 직육면체의 부피를 m³와 cm³로 나타내어 보세요.

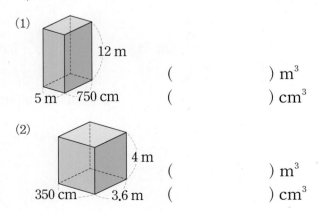

(1)　( ) m³
　　( ) cm³

(2)　( ) m³
　　( ) cm³

04 부피가 큰 순서대로 기호를 써 보세요.

> ㉠ 4.8 m³
> ㉡ 1900000 cm³
> ㉢ 한 모서리의 길이가 230 cm인 정육면체의 부피
> ㉣ 가로가 1.2 m, 세로가 5 m, 높이가 90 cm인 직육면체의 부피

( )

05 두 도형의 부피의 차는 몇 cm³인지 구해 보세요.

> ㉠ 밑면의 넓이가 18 cm²이고 높이가 8 cm인 직육면체
> ㉡ 밑면의 넓이가 81 cm²인 정육면체

( )

06 가로가 4 m이고, 높이가 3.5 m인 직육면체의 부피가 84 m³입니다. 이 직육면체의 세로는 몇 m인지 구해 보세요.

( )

07 한 모서리의 길이가 4 cm인 정육면체가 있습니다. 이 정육면체의 각 모서리의 길이를 2배로 늘인다면 정육면체의 부피는 처음 부피의 몇 배가 되는지 구해 보세요.

( )

08 그림과 같은 직육면체 모양의 상자에 한 모서리의 길이가 30cm인 정육면체 모양의 물건을 빈틈없이 쌓으려고 합니다. 물건을 몇 개까지 쌓을 수 있는지 구해 보세요.

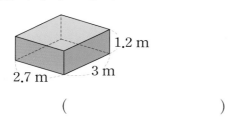

(   )

09 작은 정육면체 여러 개를 그림과 같이 쌓았습니다. 쌓은 정육면체 모양의 부피가 216 cm^3일 때 작은 정육면체의 한 모서리의 길이는 몇 cm인지 구해 보세요.

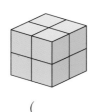

(   )

10 그림과 같은 직육면체 모양의 **빵**을 잘라 정육면체 모양을 만들려고 합니다. 가장 큰 정육면체를 만들고 남은 빵의 부피는 몇 cm^3인지 구해 보세요.

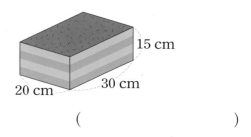

(   )

11 입체도형의 부피는 몇 cm^3인지 구해 보세요.

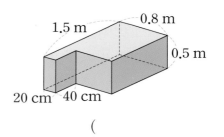

(   )

 실력 올리기

12 직육면체를 앞과 옆에서 본 모양입니다. 직육면체의 부피는 몇 cm^3인지 구해 보세요.

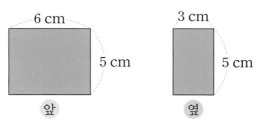

앞   옆

(   )

13 안치수가 오른쪽 그림과 같은 직육면체 모양의 수조에 돌을 완전히 잠기게 넣었더니 물의 높이가 15 cm가 되었습니다. 돌의 부피는 몇 cm^3인지 구해 보세요.

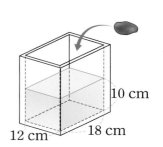

(   )

33-1 직육면체의 겉넓이

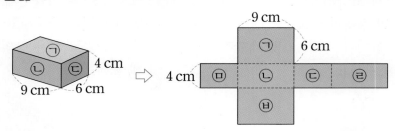

방법 1 (여섯 면의 넓이의 합)=㉠+㉡+㉢+㉣+㉤+㉥
$$=9×6+9×4+6×4+9×4+6×4+9×6=228 \, (cm^2)$$

방법 2 (한 꼭짓점에서 만나는 세 면의 넓이의 합)×2=(㉠+㉡+㉢)×2
$$=(9×6+9×4+6×4)×2=228 \, (cm^2)$$

방법 3 (한 밑면의 넓이)×2+(옆넓이)=㉠×2+(㉤+㉡+㉢+㉣)
$$=9×6×2+(6+9+6+9)×4=228 \, (cm^2)$$

확인 1 오른쪽 전개도를 접어서 만들 수 있는 직육면체의 겉넓이를 구하려고 합니다. □ 안에 알맞은 수를 써넣으세요.

(한 밑면의 넓이)×2+(옆넓이)

$$=4×\boxed{}×2+(4+3+\boxed{}+\boxed{})×\boxed{}=\boxed{} \, (cm^2)$$

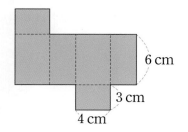

33-2 정육면체의 겉넓이

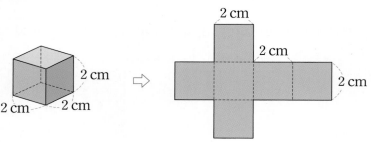

방법 1 (여섯 면의 넓이의 합)=2×2+2×2+2×2+2×2+2×2+2×2=24 (cm²)
방법 2 (한 면의 넓이)×6=(한 모서리의 길이)×(한 모서리의 길이)×6=2×2×6=24 (cm²)

확인 2 오른쪽 정육면체의 겉넓이를 구하려고 합니다. □ 안에 알맞은 수를 써넣으세요.

(한 면의 넓이)×$\boxed{}$=$\boxed{}$×$\boxed{}$×$\boxed{}$=$\boxed{}$ (cm²)

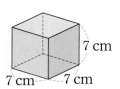

01 직육면체의 겉넓이는 몇 cm²인지 구해 보세요.

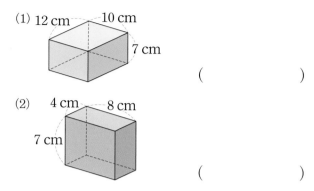

(1) 12 cm 10 cm 7 cm

(　　　　　)

(2) 4 cm 8 cm 7 cm

(　　　　　)

02 전개도를 접어 만들 수 있는 정육면체의 겉넓이는 몇 cm²인지 구해 보세요.

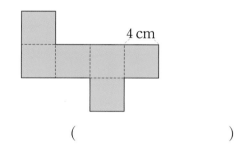

4 cm

(　　　　　)

03 두 직육면체의 겉넓이의 차는 몇 cm²인지 구해 보세요.

가   나

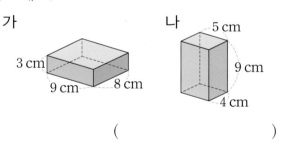

3 cm 9 cm 8 cm   5 cm 9 cm 4 cm

(　　　　　)

04 색칠한 면의 넓이가 72 cm²일 때 직육면체의 겉넓이는 몇 cm²인지 구해 보세요.

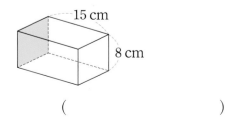

15 cm 8 cm

(　　　　　)

05 직육면체의 겉넓이는 148 cm²입니다. ㉠은 몇 cm인지 구해 보세요.

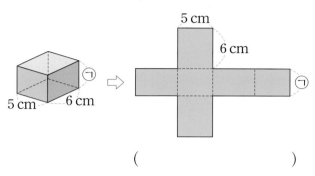

5 cm 6 cm ㉠   5 cm 6 cm ㉠

(　　　　　)

06 직육면체 가의 겉넓이는 정육면체 나의 겉넓이와 같습니다. 정육면체 나의 한 모서리의 길이는 몇 cm인지 구해 보세요.

가   나

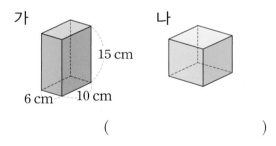

15 cm 6 cm 10 cm

(　　　　　)

실력 올리기

07 직육면체 모양의 빵을 오른쪽과 같이 똑같은 직육면체 모양 4조각으로 잘랐습니다. 빵 4조각의 겉넓이의 합은 처음 빵의 넓이보다 몇 cm² 더 늘어나는지 구해 보세요.

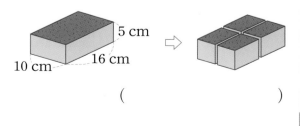

5 cm 10 cm 16 cm

(　　　　　)

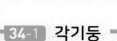

34-1 각기둥

- 각기둥: 위와 아래에 있는 면이 서로 평행하고 합동인 두 다각형으로 이루어진 입체도형

➕ 플러스

- 겨냥도 그리기

 ⇨

보이는 모서리는 실선으로, 보이지 않는 모서리는 점선으로 나타냅니다.

확인 1 각기둥을 모두 찾아 기호를 써 보세요.

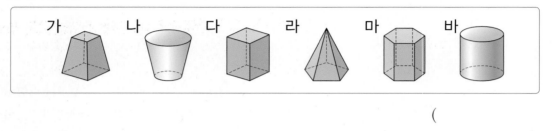

가　나　다　라　마　바

(　　　　　　　　　　　)

34-2 각기둥의 밑면과 옆면

- 밑면: 각기둥에서 서로 평행하고 합동인 두 면
  ⇨ 두 밑면은 나머지 면들과 모두 수직으로 만납니다.
- 옆면: 각기둥에서 두 밑면과 만나는 면
  ⇨ 옆면은 모두 직사각형입니다.

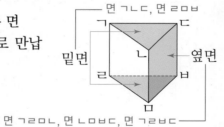

면 ㄱㄴㄷ, 면 ㄹㅁㅂ

밑면　　　옆면

면 ㄱㄹㅁㄴ, 면 ㄴㅁㅂㄷ, 면 ㄱㄹㅂㄷ

➕ 플러스

- 각기둥의 밑면과 옆면

	밑면	옆면
모양	다각형	직사각형
수	2개	한 밑면의 변의 수

확인 2 각기둥을 보고 밑면과 옆면을 모두 찾아 써 보세요.

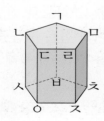

밑면	
옆면	

34-3 각기둥의 이름

- 각기둥은 밑면의 모양이 삼각형, 사각형, 오각형⋯⋯일 때 삼각기둥, 사각기둥, 오각기둥⋯⋯이라고 합니다.

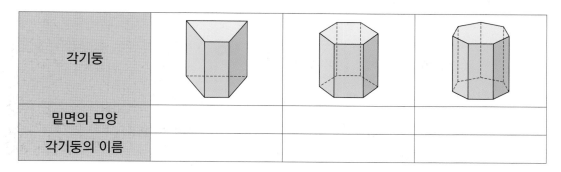

각기둥			
밑면의 모양	삼각형	사각형	오각형
각기둥의 이름	삼각기둥	사각기둥	오각기둥

확인 3 각기둥을 보고 표를 완성해 보세요.

각기둥			
밑면의 모양			
각기둥의 이름			

34-4 각기둥의 구성 요소

각기둥에서

- 모서리: 면과 면이 만나는 선분
- 꼭짓점: 모서리와 모서리가 만나는 점
- 높이: 두 밑면 사이의 거리

➕ **플러스**

- ■각기둥의 구성 요소의 수
  한 밑면의 변의 수: ■개
  면의 수: (■+2)개
  꼭짓점의 수: (■×2)개
  모서리의 수: (■×3)개

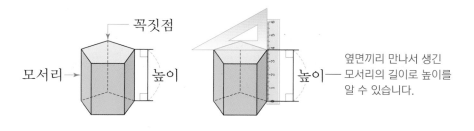

옆면끼리 만나서 생긴 모서리의 길이로 높이를 알 수 있습니다.

확인 4 ☐ 안에 알맞은 말을 써넣으세요.

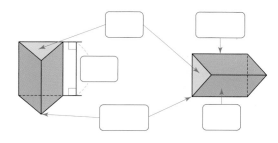

01 다음 중 각기둥이 아닌 것을 모두 고르세요.

(　　　　)

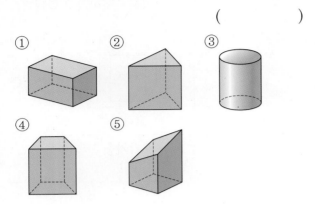

02 각기둥에서 색칠한 면이 밑면일 때 옆면을 모두 찾아 쓰세요.

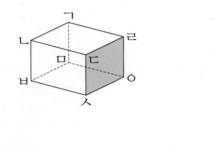

(　　　　　　　　　)

03 각기둥의 겨냥도를 완성해 보세요.

(1)

(2)

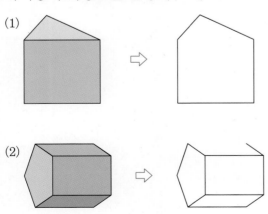

04 각기둥의 특징을 잘못 설명한 것을 찾아 기호를 써 보세요.

> ㉠ 밑면은 서로 합동입니다.
> ㉡ 밑면과 옆면은 수직으로 만납니다.
> ㉢ 밑면의 모양에 따라 이름이 정해집니다.
> ㉣ 이웃하지 않은 옆면은 서로 평행합니다.
> ㉤ 옆면은 모두 직사각형입니다.

(　　　　　　　　　)

05 빈칸에 알맞은 수를 써넣으세요.

도형	꼭짓점의 수 (개)	면의 수 (개)	모서리의 수 (개)
오각기둥			
칠각기둥			

06 밑면의 모양이 다음과 같은 각기둥의 이름을 써 보세요.

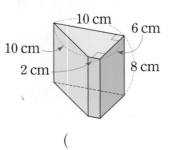

(　　　　　　　　　)

07 각기둥에서 높이는 몇 cm인지 써 보세요.

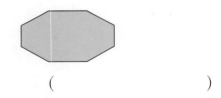

(　　　　　　　　　)

08 각기둥에서 높이를 잴 수 있는 모서리는 모두 몇 개인지 써 보세요.

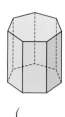

(   )

09 ㉠+㉡−㉢은 얼마인지 구해 보세요.

> • 육각기둥의 면의 수는 ㉠개입니다.
> • 십각기둥의 꼭짓점의 수는 ㉡개입니다.
> • 사각기둥의 모서리의 수는 ㉢개입니다.

(   )

10 설명하는 입체도형의 이름을 써 보세요.

> • 두 밑면은 서로 평행하고 합동인 다각형입니다.
> • 옆면은 모두 직사각형입니다.
> • 꼭짓점은 모두 18개입니다.

(   )

11 모서리의 수가 36개인 각기둥이 있습니다. 이 각기둥의 면의 수와 꼭짓점의 수의 합은 몇 개인지 구해 보세요.

(   )

 실력 올리기

12 밑면이 정칠각형이고, 옆면이 오른쪽과 같은 직사각형으로 이루어진 각기둥이 있습니다. 이 각기둥의 옆면의 넓이의 합은 몇 cm²인지 구해 보세요.

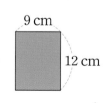
9 cm
12 cm

(   )

13 오각기둥을 오른쪽 그림과 같이 색칠한 면을 따라 잘랐습니다. 잘라서 생긴 두 각기둥의 꼭짓점의 수의 합은 몇 개인지 구해 보세요.

(   )

35-1 각기둥의 전개도 알아보기

• 각기둥의 전개도: 각기둥의 모서리를 잘라서 평면 위에 펼쳐 놓은 그림

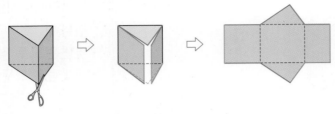

• 각기둥의 전개도는 어느 모서리를 자르는가에 따라 여러 가지 모양이 나올 수 있습니다.

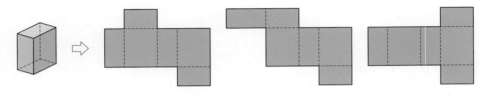

확인 1 전개도를 접으면 어떤 도형이 되는지 써 보세요.

(1)

(   )

(2)

(   )

35-2 각기둥의 전개도 그리기

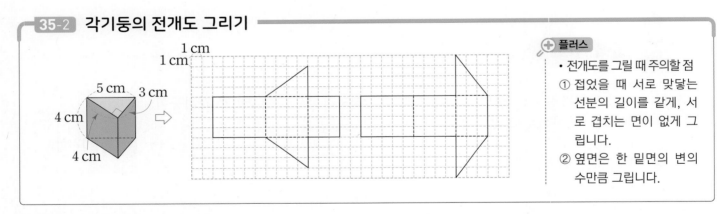

➕ **플러스**

• 전개도를 그릴 때 주의할 점
① 접었을 때 서로 맞닿는 선분의 길이를 같게, 서로 겹치는 면이 없게 그립니다.
② 옆면은 한 밑면의 변의 수만큼 그립니다.

확인 2 사각기둥의 전개도를 완성해 보세요.

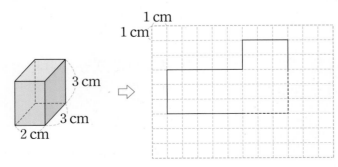

01 전개도를 접었을 때 만나는 점과 선분을 각각 모두 찾아 쓰세요.

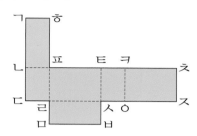

점 ㅁ	선분 ㅌㅋ

02 전개도를 접어서 각기둥을 만들었습니다. ☐ 안에 알맞은 수를 써넣으세요.

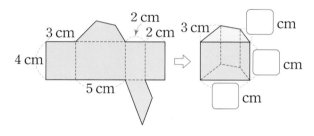

03 오각기둥의 겨냥도를 보고 전개도를 완성해 보세요.

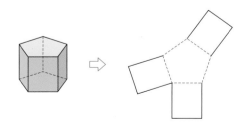

04 전개도를 접어 만든 각기둥의 모든 모서리의 길이의 합은 몇 cm인지 구해 보세요.

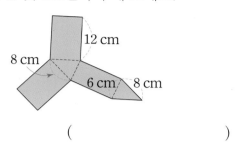

(　　　　　　　)

05 밑면이 정육각형인 각기둥의 전개도입니다. 전개도를 접어 만든 각기둥의 옆면의 넓이의 합은 몇 cm^2인지 구해 보세요.

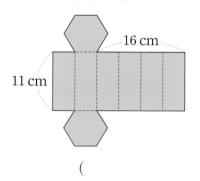

(　　　　　　　)

실력 올리기

06 사각기둥의 전개도입니다. 면 ㄱㄴㄷㄹ의 넓이는 84 cm^2이고 한 밑면의 넓이는 72 cm^2입니다. 이 사각기둥의 높이는 몇 cm인지 구해 보세요.

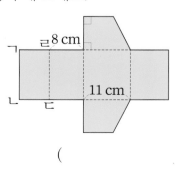

(　　　　　　　)

36-1 각뿔

- 각뿔: 바닥에 놓인 면이 다각형이고 옆으로 둘러싼 면이 모두 삼각형인 입체도형

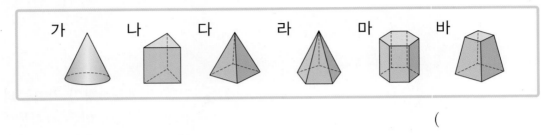

확인 1 각뿔을 모두 찾아 기호를 써 보세요.

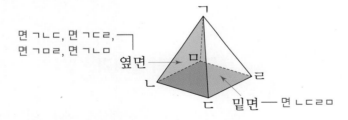

(   )

36-2 각뿔의 밑면과 옆면

- 밑면: 각뿔에서 바닥에 놓인 면
- 옆면: 각뿔에서 밑면과 만나는 면
  ⇨ 각뿔의 옆면은 모두 삼각형입니다.

면 ㄱㄴㄷ, 면 ㄱㄷㄹ,
면 ㄱㄹㅁ, 면 ㄱㄴㅁ

옆면

밑면 — 면 ㄴㄷㄹㅁ

➕ 플러스

- 각뿔의 밑면과 옆면

	밑면	옆면
모양	다각형	삼각형
수	1개	한 밑면의 변의 수

확인 2 각뿔을 보고 밑면과 옆면을 모두 찾아 써 보세요.

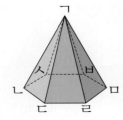

밑면	
옆면	

정답과 풀이 ● 42쪽

36-3 각뿔의 이름

• 각뿔은 밑면의 모양이 삼각형, 사각형, 오각형……일 때 삼각뿔, 사각뿔, 오각뿔……이라고 합니다.

각뿔			
밑면의 모양	삼각형	사각형	오각형
각뿔의 이름	삼각뿔	사각뿔	오각뿔

확인 3 각뿔을 보고 표를 완성해 보세요.

각뿔			
밑면의 모양			
각뿔의 이름			

36-4 각뿔의 구성 요소

각뿔에서

• 모서리: 면과 면이 만나는 선분
• 꼭짓점: 모서리와 모서리가 만나는 점
• 각뿔의 꼭짓점: 꼭짓점 중에서 옆면이 모두 만나는 점
• 높이: 각뿔의 꼭짓점에서 밑면에 수직인 선분의 길이

➕ **플러스**

• ●각뿔의 구성 요소의 수
  한 밑면의 변의 수: ●개
  면의 수: (●+1)개
  꼭짓점의 수: (●+1)개
  모서리의 수: (●×2)개

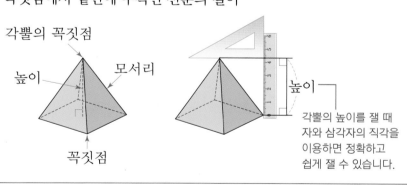

각뿔의 꼭짓점
높이
모서리
꼭짓점

높이

각뿔의 높이를 잴 때
자와 삼각자의 직각을
이용하면 정확하고
쉽게 잴 수 있습니다.

확인 4 ☐ 안에 알맞은 말을 써넣으세요.

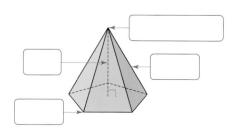

01 각뿔은 모두 몇 개인지 써 보세요.

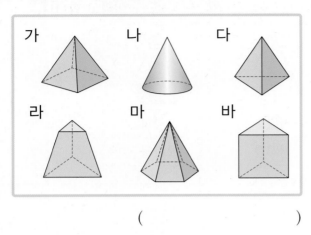

(   )

02 각뿔의 높이를 바르게 잰 것에 ◯표 하세요.

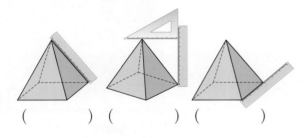

(   )   (   )   (   )

03 밑면의 모양과 각뿔의 이름을 관계있는 것끼리 선으로 이어 보세요.

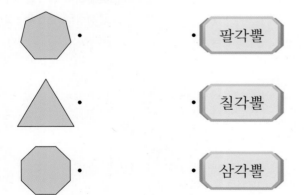

04 오른쪽 각뿔의 높이는 몇 cm인지 써 보세요.

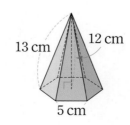

13 cm   12 cm

5 cm

(   )

05 각뿔의 특징을 잘못 설명한 것을 찾아 기호를 써 보세요.

> ㉠ 밑면은 1개입니다.
> ㉡ 옆면은 모두 삼각형입니다.
> ㉢ 밑면의 모양에 따라 이름이 정해집니다.
> ㉣ 밑면과 옆면은 수직으로 만납니다.
> ㉤ 각뿔의 꼭짓점에서 밑면에 수직인 선분의 길이는 높이입니다.

(   )

06 빈칸에 알맞은 수를 써넣으세요.

도형	꼭짓점의 수 (개)	면의 수 (개)	모서리의 수 (개)
사각뿔			
육각뿔			

07 구각기둥과 구각뿔의 구성 요소 중에서 같은 것을 찾아 기호를 써 보세요.

> ㉠ 밑면의 수   ㉡ 옆면의 수
> ㉢ 면의 수   ㉣ 옆면의 모양

(   )

08 오른쪽 각뿔은 밑면이 정오각형이고 옆면이 모두 합동인 이등변삼각형입니다. 이 각뿔의 모든 모서리의 길이의 합은 몇 cm인지 구해 보세요.

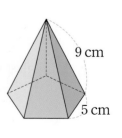

9 cm

5 cm

(   )

09 개수가 많은 순서대로 기호를 써 보세요.

> ㉠ 팔각기둥의 모서리의 수
> ㉡ 구각뿔의 꼭짓점의 수
> ㉢ 십각기둥의 면의 수
> ㉣ 십각뿔의 모서리의 수

(   )

10 꼭짓점의 수가 오각기둥과 같은 각뿔의 이름을 써 보세요.

(   )

11 오른쪽 그림과 같은 삼각형 7개를 옆면으로 하는 각뿔의 이름을 쓰고, 모든 모서리의 길이의 합은 몇 cm인지 구해 보세요.

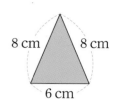

8 cm   8 cm
6 cm

(   )

12 그림과 같이 밑면이 정팔각형이고, 옆면이 모두 합동인 이등변삼각형으로 이루어진 입체도형이 있습니다. 이 입체도형의 면, 모서리, 꼭짓점 수의 합은 모두 몇 개인지 구해 보세요.

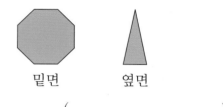

밑면   옆면

(   )

실력 올리기

13 밑면과 옆면의 모양이 같은 각뿔이 있습니다. 이 각뿔의 모서리의 길이가 모두 12cm로 같을 때, 모든 모서리의 길이의 합은 몇 cm인지 구해 보세요.

(   )

14 설명하는 입체도형의 이름을 써 보세요.

> • 밑면은 다각형이고 1개입니다.
> • 옆면은 모두 삼각형입니다.
> • 면의 수와 모서리의 수의 합은 16개입니다.

(   )

37-1 **원기둥**

• 원기둥: 마주 보는 두 면이 서로 평행하고 합동인 원으로 이루어진 입체도형

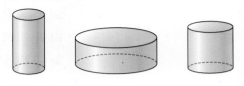

확인 **1** 원기둥을 모두 찾아 기호를 써 보세요.

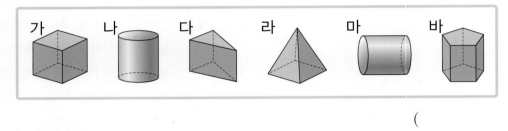

(   )

37-2 **원기둥의 구성 요소**

원기둥에서

• 밑면: 서로 평행하고 합동인 두 면
• 옆면: 두 밑면과 만나는 굽은 면
• 높이: 두 밑면에 수직인 선분의 길이

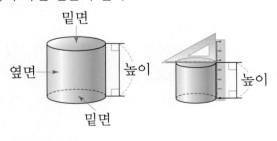

⊕ **플러스**

• 원기둥과 각기둥의 차이점

	원기둥	각기둥
밑면	원	다각형
옆면	굽은 면	직사각형
꼭짓점, 모서리	없음	있음

확인 **2** □ 안에 알맞은 말을 써넣으세요.

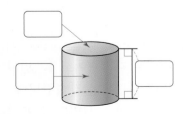

37-3 직사각형을 돌려 원기둥 만들기

• 직사각형 모양의 종이를 한 변을 기준으로 돌리면 원기둥이 됩니다.

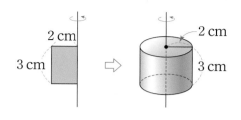

• (원기둥의 밑면의 반지름)
  =(돌리기 전의 직사각형의 가로)
• (원기둥의 높이)
  =(돌리기 전의 직사각형의 세로)

확인 3 오른쪽 그림과 같이 직사각형 모양의 종이를 한 변을 기준으로 돌리면 어떤 입체도형이 되는지 써 보세요.

(   )

37-4 원기둥의 전개도

• 원기둥의 전개도: 원기둥을 잘라서 평면 위에 펼쳐 놓은 그림

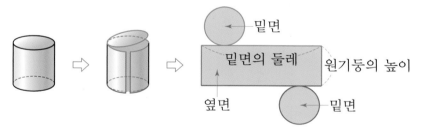

• (옆면의 가로)=(밑면의 둘레)=(밑면의 지름)×(원주율)
• (옆면의 세로)=(원기둥의 높이)

➕ 플러스
• 원기둥의 전개도에서 밑면과 옆면 알아보기

	밑면	옆면
수	2개	1개
모양	원	직사각형

확인 4 원기둥과 원기둥의 전개도를 보고 □ 안에 알맞은 수를 써넣으세요. (원주율: 3)

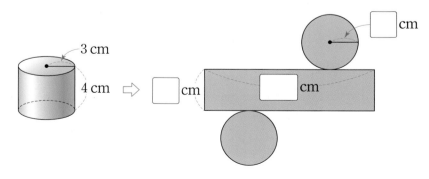

01 원기둥이 아닌 것에 ×표 하세요.

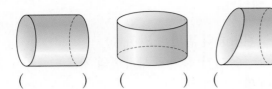

（　　　）　　（　　　）　　（　　　）

02 오른쪽 원기둥에서 밑면의 지름과 높이는 각각 몇 cm 인지 써 보세요.

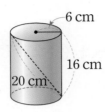
6 cm
16 cm
20 cm

밑면의 지름 (　　　　　　　　)

높이 (　　　　　　　　)

03 직사각형 모양의 종이를 한 바퀴 돌려 만든 입체도형의 높이는 몇 cm인지 써 보세요.

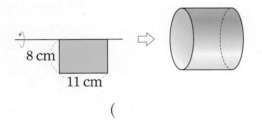
8 cm
11 cm

（　　　　　　　　）

04 원기둥의 전개도를 찾아 기호를 써 보세요.

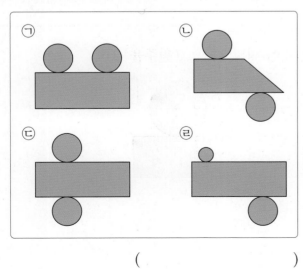
㉠　㉡
㉢　㉣

（　　　　　　　　）

05 원기둥의 특징을 잘못 설명한 것을 찾아 기호를 써 보세요.

㉠ 두 밑면은 서로 평행합니다.
㉡ 옆면은 두 밑면과 만나는 면입니다.
㉢ 옆면은 굽은 면입니다.
㉣ 직사각형 모양의 종이를 한 변을 기준으로 한 바퀴 돌려서 만들 수 있습니다.
㉤ 높이는 두 밑면에 평행한 선분의 길이입니다.

（　　　　　　　　）

06 원기둥을 펼쳐 전개도를 만들었을 때 옆면의 넓이는 몇 cm²인지 구해 보세요.

(원주율: 3.1)

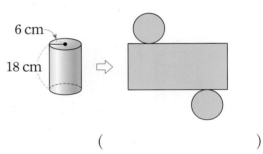
6 cm
18 cm

（　　　　　　　　）

07 원기둥을 관찰하며 나눈 대화를 보고 밑면의 지름과 높이는 각각 몇 cm인지 구해 보세요.

수영: 위에서 본 모양은 반지름이 7 cm인 원이야.
현우: 앞에서 본 모양은 정사각형이야.

밑면의 지름 (　　　　　　　　)

높이 (　　　　　　　　)

08 원기둥을 앞에서 보았을 때 보이는 모양의 둘레는 몇 cm인지 구해 보세요.

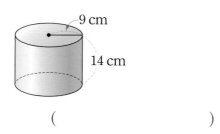

9 cm

14 cm

(   )

09 원기둥의 전개도에서 옆면의 넓이가 324 cm² 일 때 밑면의 둘레는 몇 cm인지 구해 보세요.

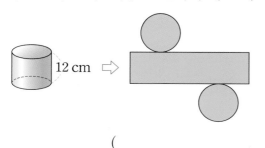

12 cm

(   )

10 원기둥과 원기둥의 전개도입니다. 원기둥의 전개도의 둘레는 몇 cm인지 구해 보세요.

(원주율:3)

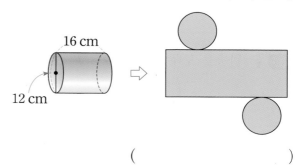

16 cm

12 cm

(   )

11 밑면의 반지름이 9cm이고 높이가 10 cm인 원기둥이 있습니다. 이 원기둥의 전개도의 넓이는 몇 cm²인지 구해 보세요. (원주율: 3.1)

(   )

 실력 올리기

12 오른쪽 그림과 같이 모든 모서리의 길이의 합이 192 cm인 정육면체 모양의 상자에 꼭 맞는 원기둥이 있습니다. 이 원기둥의 밑면의 반지름과 높이의 합은 몇 cm인지 구해 보세요. (단, 상자의 두께는 생각하지 않습니다.)

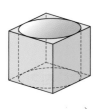

(   )

13 오른쪽 전개도를 접어 만든 원기둥의 밑면의 반지름은 몇 cm인지 구해 보세요. (원주율: 3)

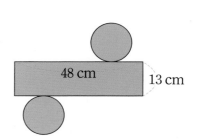

48 cm

13 cm

(   )

38-1 원뿔

- 원뿔: 평평한 면이 원이고 옆을 둘러싼 면이 굽은 면인 뿔 모양의 입체도형

확인 1 원뿔을 모두 찾아 기호를 써 보세요.

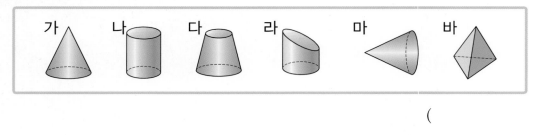

가　나　다　라　마　바

(　　　　　　　)

38-2 원뿔의 구성 요소

원뿔에서

- 밑면: 평평한 면
- 옆면: 옆을 둘러싼 굽은 면
- 원뿔의 꼭짓점: 뾰족한 부분의 점
- 모선: 원뿔의 꼭짓점과 밑면인 원의 둘레의 한 점을 이은 선분
- 높이: 원뿔의 꼭짓점에서 밑면에 수직인 선분의 길이

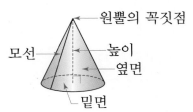

원뿔의 꼭짓점
모선
높이
옆면
밑면

한 원뿔에서 모선은 셀 수 없이 많고, 그 길이는 모두 같아.

확인 2 오른쪽 그림에서 □ 안에 알맞은 말을 써넣으세요.

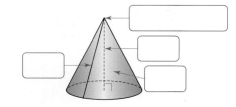

38-3 직각삼각형을 돌려 원뿔 만들기

- 직각삼각형 모양의 종이를 한 변을 기준으로 돌리면 원뿔이 됩니다.

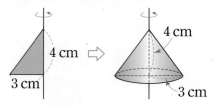

4 cm
3 cm
⇨
4 cm
3 cm

- (원뿔의 밑면의 반지름)
    = (돌리기 전의 직각삼각형의 밑변의 길이)
- (원뿔의 높이) = (돌리기 전의 직각삼각형의 높이)

확인 3 오른쪽 그림과 같이 직각삼각형 모양의 종이를 한 변을 기준으로 돌리면 어떤 입체도형이 되는지 써 보세요.

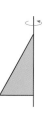

(　　　　　　　)

01 원뿔의 무엇을 재는 것인지 |보기|에서 골라 각 각 기호를 써 보세요.

> ┌─ 보기 ─
> ㉠ 높이　㉡ 모선의 길이　㉢ 밑면의 지름

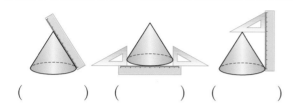

(　　)　(　　)　(　　)

02 오른쪽 원뿔에서 모선의 길이는 몇 cm이고, 모선의 수는 몇 개인지 각각 구해 보세요.

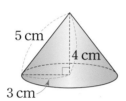

모선의 길이 (　　　　　　)

모선의 수 (　　　　　　)

03 직각삼각형 모양의 종이를 한 변을 기준으로 한 바퀴 돌려 만든 입체도형을 보고 밑면의 지 름과 높이는 각각 몇 cm인지 써 보세요.

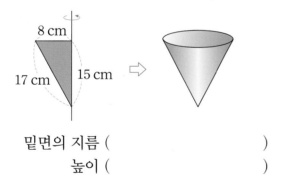

밑면의 지름 (　　　　　　)

높이 (　　　　　　)

04 오른쪽 원뿔에서 삼각 형 ㄱㄴㄷ의 둘레가 48 cm일 때 삼각형 ㄱ ㄴㄷ의 넓이는 몇 cm² 인지 구해 보세요.

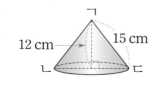

(　　　　　　)

05 오른쪽 원뿔 모양을 관찰하며 나 눈 대화를 보고 모선의 길이는 몇 cm인지 구해 보세요.

> 소영: 위에서 본 모양은 반지름이 9 cm인 원이야.
> 민수: 앞에서 본 모양은 정삼각형이야.

(　　　　　　)

06 밑면의 넓이가 같은 원기둥과 원뿔입니다. 두 입체도형을 앞에서 본 모양의 넓이의 차는 몇 cm²인지 구해 보세요.

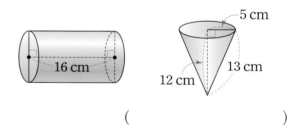

(　　　　　　)

실력 올리기

07 길이가 137 cm인 철사 를 모두 사용하여 오른 쪽과 같은 원뿔 모양을 만들었습니다. 밑면의 반지름이 7 cm일 때 선 분 ㄱㄷ의 길이는 몇 cm인지 구해 보세요. (단, 원주율은 3으로 하고, 철사를 이은 부 분의 길이는 생각하지 않습니다.)

(　　　　　　)

39-1 구

• 구: 공 모양의 입체도형

➕ 플러스
• 구는 어느 방향에서 보아도 원 모양입니다.

확인 1 구 모양의 물건을 모두 찾아 기호를 써 보세요.

| 가 | 나 | 다 | 라 | 마 |

(   )

39-2 구의 구성 요소

구에서
• 구의 중심: 가장 안쪽에 있는 점
• 구의 반지름: 구의 중심에서 구의 겉면의
　　　　　　　한 점을 이은 선분
　⇨ 구의 반지름은 모두 같고 무수히 많습니다.

구의 중심　　구의 반지름

➕ 플러스
• 원기둥, 원뿔, 구를 위, 앞, 옆에서 본 모양

	원기둥	원뿔	구
위	원	원	원
앞, 옆	직사각형	삼각형	

확인 2 오른쪽 그림에서 □ 안에 알맞은 말을 써넣으세요.

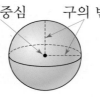

39-3 반원을 돌려 구 만들기

• 반원 모양의 종이를 지름을 기준으로 한 바퀴 돌리면 구가 됩니다.

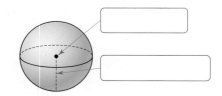

6 cm ⇨ 6 cm

(구의 반지름) = (돌리기 전의 반원의 반지름)

확인 3 □ 안에 알맞은 수를 써넣으세요.

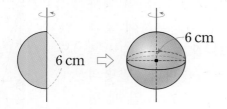

16 cm ⇨

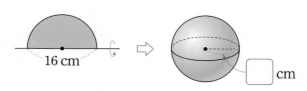

□ cm

01 오른쪽 구의 반지름은 몇 cm인지 써 보세요.

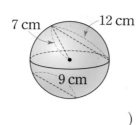

(   )

02 구에 대한 설명이 맞으면 ○표, 틀리면 ✕표 하세요.

⑴ 구의 중심은 구의 가장 안쪽에 있는 점입니다. (   )

⑵ 구의 중심은 무수히 많습니다. (   )

⑶ 구의 반지름은 구의 중심에서 구의 겉면의 한 점을 이은 선분입니다. (   )

⑷ 구의 반지름은 모두 같고 무수히 많습니다.

(   )

03 위, 앞, 옆에서 본 모양이 모두 같은 입체도형에 ○표 하세요.

(   )   (   )   (   )

04 오른쪽 반원을 지름을 기준으로 한 바퀴 돌려 만든 입체도형을 위에서 본 모양의 둘레는 몇 cm인지 구해 보세요. (원주율: 3)

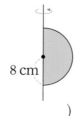

(   )

05 원기둥, 원뿔, 구에 대한 설명으로 틀린 것을 모두 찾아 기호를 써 보세요.

> ㉠ 구는 어느 방향에서 보아도 모양이 같습니다.
> ㉡ 원뿔의 모선의 길이는 항상 높이보다 짧습니다.
> ㉢ 원기둥은 보는 방향에 따라 모양이 다릅니다.
> ㉣ 원기둥, 원뿔, 구는 모두 꼭짓점이 없습니다.
> ㉤ 원기둥, 원뿔, 구는 모두 평면도형을 한 바퀴 돌려서 만들 수 있는 입체도형입니다.

(   )

06 어떤 반원을 지름을 기준으로 돌려 만든 입체도형입니다. 돌리기 전의 반원의 넓이는 몇 cm²인지 구해 보세요. (원주율: 3.1)

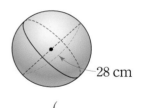

(   )

실력 올리기

07 원뿔과 구를 앞에서 본 모양의 넓이는 서로 같습니다. 원뿔의 높이는 몇 cm인지 구해 보세요. (원주율: 3)

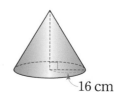 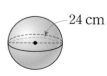

(   )

01 도형을 보고 각기둥과 각뿔을 각각 모두 찾아 기호를 써 보세요.

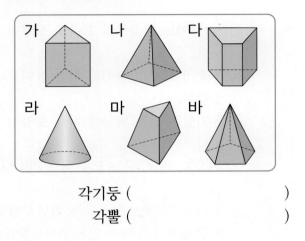

가 나 다
라 마 바

각기둥 ( )
각뿔 ( )

02 원뿔에서 모선 나타내는 선분을 모두 써 보세요.

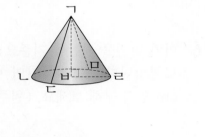

( )

03 사각기둥과 사각뿔에서 개수가 같은 것을 찾아 기호를 써 보세요.

> ㉠ 밑면의 수   ㉡ 모서리의 수
> ㉢ 꼭짓점의 수   ㉣ 옆면의 수

( )

04 부피가 작은 순서대로 기호를 써 보세요.

> ㉠ 3.5 m³
> ㉡ 4600000 cm³
> ㉢ 한 모서리의 길이가 2 m인 정육면체
> ㉣ 가로가 3 m, 세로가 1.2 m, 높이가 140 cm인 직육면체의 부피

( )

05 두 도형 가와 나의 공통점을 모두 찾아 기호를 써 보세요.

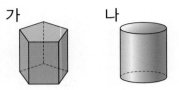

가 나

> ㉠ 밑면은 합동인 다각형입니다.
> ㉡ 기둥 모양의 입체도형입니다.
> ㉢ 밑면은 2개입니다.
> ㉣ 꼭짓점이 있습니다.
> ㉤ 옆면은 굽은 면입니다.

( )

06 그림과 같이 반원을 지름을 기준으로 한 바퀴 돌려 입체도형을 만들었습니다. 이 입체도형의 중심에서 점 ㄱ까지의 거리는 몇 cm인지 구해 보세요.

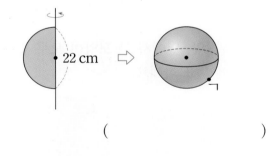

22 cm

( )

07 전개도를 접었을 때 각기둥이 되는 전개도를 찾고, 각기둥의 이름을 써 보세요.

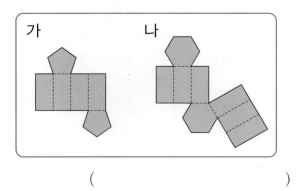

가 나

( )

08 개수가 많은 순서대로 기호를 써 보세요.

> ㉠ 원뿔의 옆면의 수
> ㉡ 원기둥의 밑면의 수
> ㉢ 삼각뿔의 옆면의 수

( )

09 두 직육면체의 부피가 같습니다. ㉠은 몇 m인지 구해 보세요.

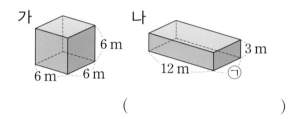

( )

10 원뿔에서 삼각형 ㄱㄴㄷ의 둘레가 58 cm일 때 모선의 길이는 몇 cm인지 구해 보세요.

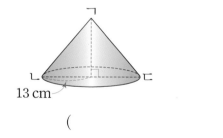

( )

11 그림과 같은 구를 반으로 똑같이 잘랐을 때 자른 단면의 넓이는 몇 cm²인지 구해 보세요.

(원주율: 3)

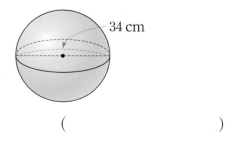

( )

12 십일각기둥과 밑면의 모양이 같은 각뿔에서 꼭짓점의 수를 ㉠개, 면의 수를 ㉡개, 모서리의 수를 ㉢개라 할 때, ㉠+㉡+㉢은 얼마인지 구해 보세요.

( )

13 원기둥 가와 나의 전개도에서 옆면의 넓이가 같을 때 원기둥 나의 높이는 몇 cm인지 구해 보세요. (원주율: 3)

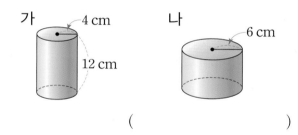

( )

14 옆면이 그림과 같은 이등변삼각형 5개로 이루어진 각뿔이 있습니다. 이 각뿔의 모든 모서리의 길이의 합은 몇 cm인지 구해 보세요.

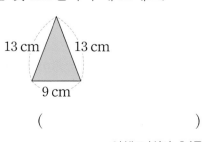

( )

15 전개도를 이용하여 만든 직육면체의 부피가 140 cm³일 때 겉넓이는 몇 cm²인지 구해 보세요.

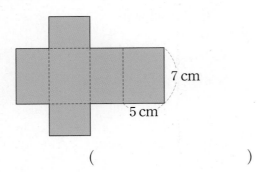

7 cm

5 cm

(   )

16 직각삼각형 ㄱㄴㄷ을 변 ㄴㄷ을 기준으로 한 바퀴 돌려 만든 입체도형의 밑면의 둘레는 몇 cm인지 구해 보세요. (원주율: 3.1)

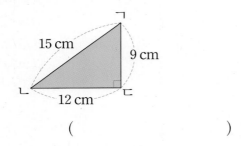

15 cm

9 cm

12 cm

(   )

17 가로 25 cm, 세로 20 cm인 직사각형 모양의 종이에서 정육면체의 전개도를 오리고 남은 종이의 넓이가 284 cm²일 때, 이 전개도를 접어 만든 정육면체의 부피는 몇 cm³인지 구해 보세요.

(   )

18 높이가 8 cm인 십각기둥의 옆면에 모두 페인트를 칠한 후 바닥에 놓고 한 방향으로 네 바퀴 굴렸더니 바닥에 색칠된 부분의 넓이가 544 cm²이었습니다. 이 십각기둥의 모든 모서리의 길이의 합은 몇 cm인지 구해 보세요.

(   )

19 밑면의 둘레가 24 cm, 높이가 10 cm인 원기둥 모양의 나무 토막이 있습니다. 나무 토막의 겉면에 모두 색을 칠할 때 색을 칠해야 하는 부분의 넓이는 몇 cm²인지 구해 보세요.

(원주율: 3)

(   )

20 직육면체의 모양의 수조에 장난감 자동차를 완전히 잠기도록 넣었더니 물의 높이가 7 cm 늘어났고, 거기에 장난감 자전거를 완전히 잠기게 넣었더니 물의 높이가 3 cm 늘어났습니다. 장난감 자동차와 자전거의 부피의 합은 몇 cm³인지 구해 보세요. (단, 수조의 두께는 생각하지 않습니다.)

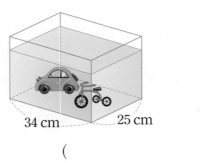

34 cm   25 cm

(   )

초등 도형 21일 총정리

성취도
평가

차례 »

01 두 도형의 선분의 개수의 합은 몇 개인지 구해 보세요.

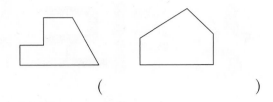

(   )

02 각기둥의 전개도를 골라 기호를 써 보세요.

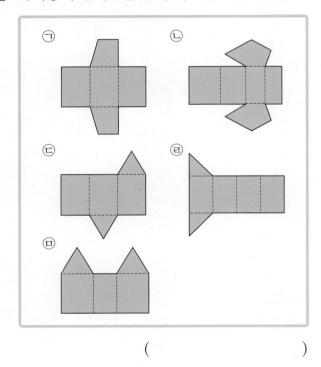

(   )

03 그림과 같은 삼각형의 이름이 될 수 있는 것을 모두 찾아 기호를 써 보세요.

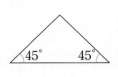

> ㉠ 예각삼각형
> ㉡ 둔각삼각형
> ㉢ 직각삼각형
> ㉣ 이등변삼각형
> ㉤ 정삼각형

(   )

04 원뿔의 모선의 길이와 높이의 차는 몇 cm인지 구해 보세요.

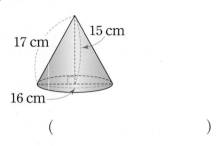

(   )

05 정사각형에서 두 대각선의 길이의 합은 몇 cm인지 구해 보세요.

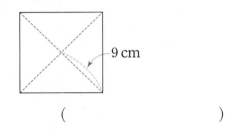

(   )

06 사각형 ㄱㄴㄷㄹ에서 각 ㄱㄹㄷ의 크기를 구해 보세요.

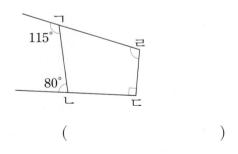

(   )

07 점 ㅇ을 대칭의 중심으로 하는 점대칭도형입니다. 각 ㄱㄴㄷ의 크기는 몇 도인지 구해 보세요.

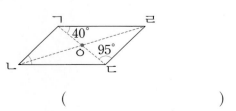

(   )

08 사각형 ㄱㄴㄷㄹ과 사각형 ㅁㅂㅅㅇ은 모두 정사각형이고, 원의 반지름은 24 cm입니다. 정사각형 ㅁㅂㅅㅇ의 둘레는 몇 cm인지 구해 보세요.

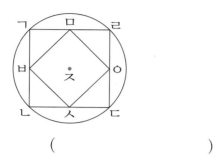

(   )

09 그림과 같이 화살표가 그려진 종이가 있습니다. 이 종이를 위쪽으로 뒤집은 다음 시계 반대 방향으로 90°만큼 13번 돌렸을 때 화살표는 몇 번을 가리키는지 구해 보세요.

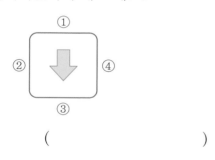

(   )

10 직선 가, 직선 나, 직선 다, 직선 라는 서로 평행합니다. 직선 나와 다 사이의 거리는 직선 가와 직선 나 사이의 거리의 2배이고, 직선 다와 직선 라 사이의 거리는 직선 나와 직선 다 사이의 거리의 2배입니다. 직선 다와 직선 라 사이의 거리는 몇 cm인지 구해 보세요.

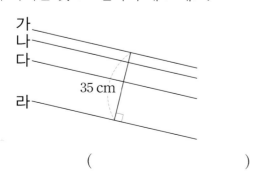

(   )

11 도형의 둘레는 몇 cm인지 구해 보세요.

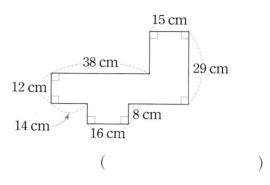

(   )

12 삼각형 ㄱㄴㄷ과 삼각형 ㄷㄹㅁ은 합동입니다. 두 삼각형을 붙여 만든 도형의 둘레는 몇 cm인지 구해 보세요.

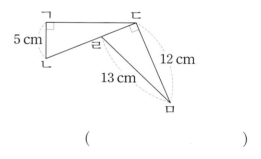

(   )

13 직육면체에서 보이는 모서리의 길이의 합이 48 cm일 때, ☐ 안에 알맞은 수를 구해 보세요.

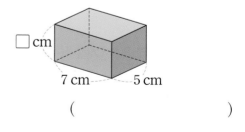

(   )

14 직사각형과 원의 넓이가 같을 때 원주는 몇 cm인지 구해 보세요. (원주율: 3)

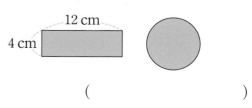

(   )

15 가로 60 cm, 세로 25 cm인 직사각형 모양의 종이에서 정육면체의 전개도를 오리고 남은 종이의 넓이가 636 cm²일 때, 정육면체의 한 모서리의 길이는 몇 cm인지 구해 보세요.

(   )

16 모든 옆면이 그림과 같은 직사각형이고 모서리의 수가 24개인 입체도형의 옆면의 넓이의 합은 몇 cm²인지 구해 보세요.

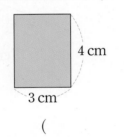

(   )

17 그림과 같은 전개도를 접어 원기둥을 만든 다음 옆면이 바닥에 닿게 놓아서 두 바퀴 굴렸습니다. 원기둥이 굴러간 거리는 몇 cm인지 구해 보세요. (원주율: 3.1)

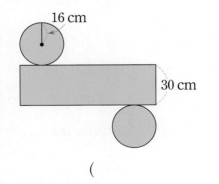

(   )

18 사각형 ㄱㄴㄷㄹ은 사다리꼴입니다. 사각형 ㄱㄴㄷㄹ의 넓이는 몇 cm²인지 구해 보세요.

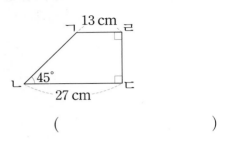

(   )

19 다음 모양에서 한 개의 쌓기나무를 빼도 앞과 옆에서 본 모양이 변하지 않으려면 어느 것을 빼야 하는지 기호를 써 보세요.

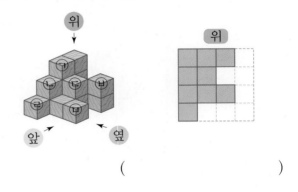

(   )

20 정육각형 모양의 종이를 그림과 같이 접었습니다. ㉠의 각도를 구해 보세요.

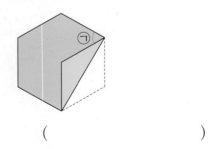

(   )

01 각의 수가 많은 순서대로 기호를 써 보세요.

가　　　　　나　　　　　다

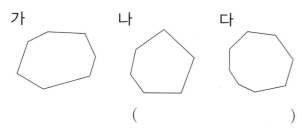

(　　　　　　　　)

02 입체도형을 보고 빈칸에 알맞게 써넣으세요.

도형	밑면의 모양	밑면의 수(개)	위에서 본 모양	앞에서 본 모양
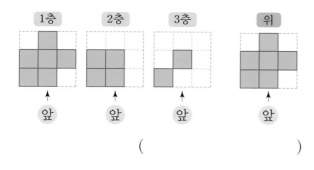		1	칠각형	
	원			

03 쌓기나무로 쌓은 모양을 층별로 나타낸 모양을 보고 위에서 본 모양에 수를 쓰는 방법으로 나타내고, 똑같은 모양으로 쌓는 데 필요한 쌓기나무의 개수를 구해 보세요.

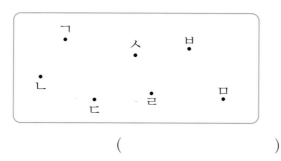

1층　　2층　　3층　　위

앞　　앞　　앞　　앞

(　　　　　　　　)

04 7개의 점 중에서 2개의 점을 이어서 그을 수 있는 직선은 모두 몇 개인지 구해 보세요.

ㄱ　　ㅅ　　ㅂ
ㄴ　　　　ㅁ
ㄷ　ㄹ

(　　　　　　　　)

05 두 직각 삼각자를 겹치지 않게 이어 붙여서 만들 수 있는 각도 중 두 번째로 큰 각도를 구해 보세요.

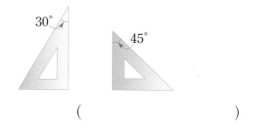

30°　　　45°

(　　　　　　　　)

06 그림과 같이 규칙에 따라 원을 그리고 있습니다. 여섯째에 그려지는 원의 지름은 몇 cm인지 구해 보세요.

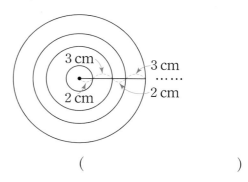

3 cm　　3 cm
2 cm　　2 cm

(　　　　　　　　)

07 조각을 움직여 직사각형을 완성하려고 합니다. ㉠, ㉡에 들어갈 수 있는 조각을 골라 어떻게 움직여야 하는지 □ 안에 알맞게 써넣으세요.

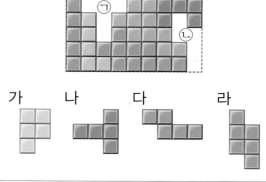

㉠　　　㉡

가　　나　　다　　라

㉠: □ 조각을 시계 방향으로 □°만큼 돌리면 됩니다.

㉡: □ 조각을 시계 반대 방향으로 □°만큼 돌리고 □쪽으로 뒤집으면 됩니다.

08 크기가 같은 정사각형 3개를 겹치지 않게 이어 붙여 다음과 같이 둘레가 48 cm인 직사각형을 만들었습니다. 만든 직사각형의 넓이는 몇 cm²인지 구해 보세요.

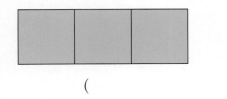

(   )

09 그림에서 찾을 수 있는 크고 작은 둔각은 모두 몇 개인지 구해 보세요.

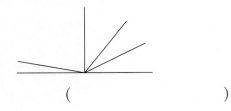

(   )

10 다음 도형의 이름을 써 보세요.

- 변의 수가 4개인 다각형입니다.
- 대각선이 다른 대각선을 이등분합니다.
- 네 변의 길이가 모두 같지는 않습니다.
- 네 각의 크기가 모두 같지는 않습니다.

(   )

11 정육면체의 전개도를 접었을 때, 점 ㄱ과 만나는 면을 모두 찾아 써 보세요.

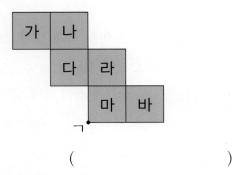

(   )

12 선대칭도형도 되고 점대칭도형도 되는 것은 모두 몇 개인지 구해 보세요.

A F H L M
N O S Z

(   )

13 직사각형 모양의 종이를 그림과 같이 접었습니다. 각 ㄱㄷㅁ의 크기는 몇 도인지 구해 보세요.

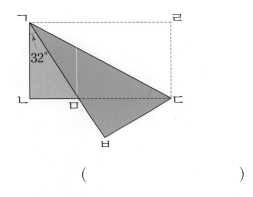

(   )

14 원 모양의 색종이 안에 원 모양의 구멍을 뚫었습니다. 남은 색종이의 넓이는 몇 cm²인지 구해 보세요. (원주율: 3)

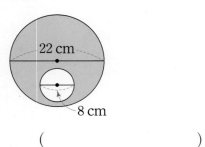

(   )

15 그림과 같은 도형의 넓이의 2배인 정사각형을 만들려고 합니다. 새로 만든 정사각형의 한 변의 길이는 몇 m인지 구해 보세요.

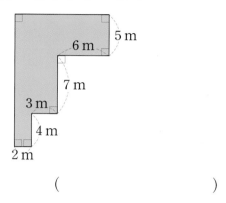

5 m
6 m
7 m
3 m
4 m
2 m

(   )

16 반지름이 17 cm인 원 안에 가장 큰 마름모를 그렸습니다. 이 마름모의 넓이는 몇 cm²인지 구해 보세요.

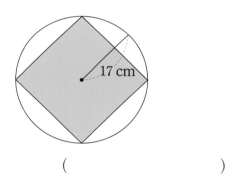

17 cm

(   )

17 점 ㅈ을 대칭의 중심으로 하는 점대칭도형입니다. 사각형 ㄱㄴㄷㄹ의 둘레가 43 cm일 때, 선분 ㄷㅁ의 길이는 몇 cm인지 구해 보세요.

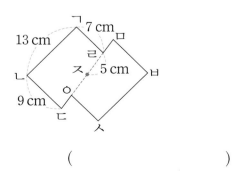

ㄱ 7 cm
13 cm
ㅁ
ㄹ
ㄴ ㅈ 5 cm ㅂ
9 cm
ㄷ
ㅅ

(   )

18 직육면체에서 색칠한 면은 넓이가 40 cm²이고 둘레가 26 cm입니다. 이 직육면체의 겉넓이가 262 cm²일 때 부피는 몇 cm³인지 구해 보세요.

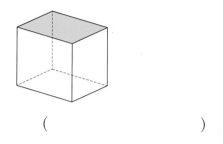

(   )

19 정삼각형 2개와 평행사변형 2개를 겹치지 않게 이어 붙여 만든 도형입니다. 평행사변형의 긴 변은 짧은 변보다 6 cm 더 길고, 빨간색 선의 길이가 90 cm일 때, 평행사변형 한 개의 둘레는 몇 cm인지 구해 보세요.

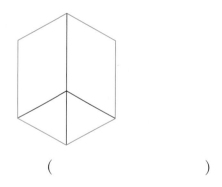

(   )

20 안치수가 그림과 같은 직육면체 모양의 물통에 높이가 18 cm가 되도록 물을 넣은 다음 가로가 10 cm, 세로가 15 cm인 직육면체 모양의 긴 막대를 바닥에 수직으로 닿도록 세워 넣었습니다. 이때 올라간 물의 높이는 몇 cm인지 구해 보세요.

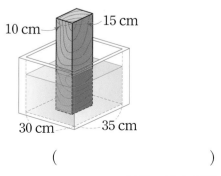

10 cm
15 cm
30 cm
35 cm

(   )

01 각기둥의 모서리를 잘라 펼쳐 놓은 것입니다. 각기둥의 이름이 다른 것을 찾아 기호를 써 보세요.

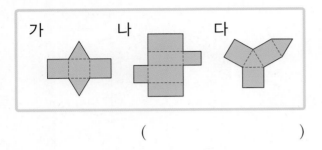

(   )

02 변 ㄱㅂ과 변 ㄴㄷ은 서로 평행합니다. 변 ㄱㅂ과 변 ㄴㄷ 사이의 거리는 몇 cm인지 구해 보세요.

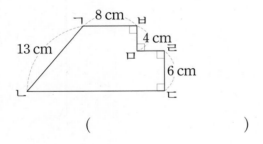

(   )

03 각뿔의 특징을 잘못 설명한 것을 찾아 기호를 써 보세요.

> ㉠ 각뿔의 옆면의 수는 밑면의 변의 수보다 1개 더 많습니다.
> ㉡ 각뿔의 옆면은 모두 삼각형입니다.
> ㉢ 각뿔의 꼭짓점에서 밑면에 수직인 선분의 길이는 높이입니다.
> ㉣ 각뿔의 밑면은 1개입니다.

(   )

04 그림에서 찾을 수 있는 원의 중심의 수가 가장 많은 것을 찾아 기호를 써 보세요.

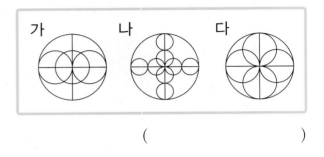

(   )

05 평행사변형 ㄱㄴㄷㄹ의 둘레는 56 cm입니다. 변 ㄱㄴ의 길이가 12 cm일 때, 변 ㄴㄷ의 길이는 몇 cm인지 구해 보세요.

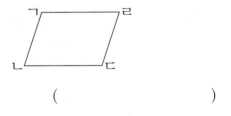

(   )

06 그림과 같은 모양의 종이를 한 번 잘라서 가장 큰 정사각형을 만들었습니다. 만들고 남은 도형의 넓이는 몇 cm²인지 구해 보세요.

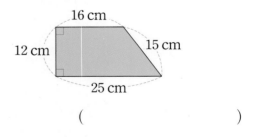

(   )

07 ㉠의 각도를 구해 보세요.

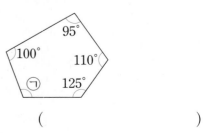

(   )

08 다각형의 넓이는 몇 cm²인지 구해 보세요.

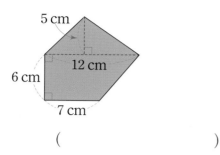

( )

09 삼각형 ㄱㄴㄷ과 삼각형 ㄹㄴㄷ은 서로 합동입니다. 각 ㄴㅁㄷ의 크기를 구해 보세요.

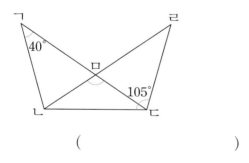

( )

10 한 변이 13 cm이고 모든 변의 길이의 합이 104 cm인 정다각형이 있습니다. 이 정다각형의 대각선은 모두 몇 개인지 구해 보세요.

( )

11 삼각형 ㄱㄴㄷ을 변 ㄱㄴ을 기준으로 하여 한 바퀴 돌려 만든 입체도형을 앞에서 본 모양의 넓이는 몇 cm²인지 구해 보세요.

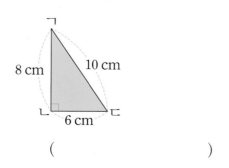

( )

12 직육면체의 부피가 280 cm³일 때 직육면체의 겉넓이는 몇 cm²인지 구해 보세요.

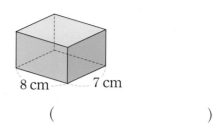

( )

13 사각형 ㄱㄴㄷㄹ은 정사각형, 사각형 ㄹㄷㅁㅂ은 평행사변형입니다. ㉠의 각도를 구해 보세요.

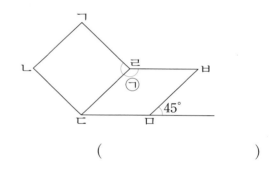

( )

14 쌓기나무로 쌓은 모양을 위, 앞, 옆에서 본 모양입니다. 똑같은 모양으로 쌓는 데 필요한 쌓기나무가 가장 많은 경우와 가장 적은 경우의 쌓기나무의 개수의 차를 구해 보세요.

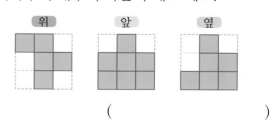

( )

15 주사위에서 서로 평행한 두 면의 눈의 수의 합이 7입니다. 주사위의 눈을 바르게 그린 것을 찾아 기호를 써 보세요.

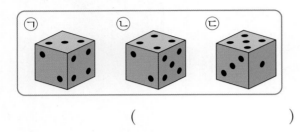

( )

16 입체도형의 부피는 몇 cm³인지 구해 보세요.

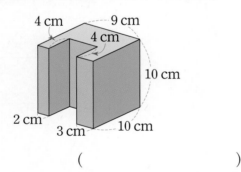

( )

17 작은 원 한 개의 원주가 62 cm일 때 큰 원의 원주는 몇 cm인지 구해 보세요. (원주율: 3.1)

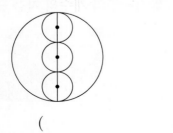

( )

18 다음 전개도를 접어서 만든 원기둥 모양의 상자 겉면에 남거나 겹치는 부분 없이 포장지를 붙이려고 합니다. 필요한 포장지의 넓이는 적어도 몇 cm²인지 구해 보세요. (원주율: 3.1)

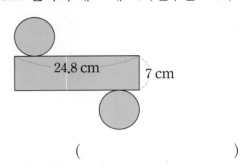

( )

19 직육면체 모양의 상자를 끈으로 묶었습니다. 매듭으로 사용한 끈의 길이가 14 cm라면 사용한 끈의 길이는 모두 몇 cm인지 구해 보세요.

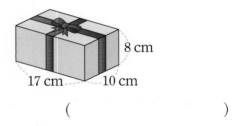

( )

20 그림에서 ㉠과 ㉡의 넓이가 같을 때, 선분 ㄱㄷ의 길이는 몇 cm인지 구해 보세요.
(원주율: 3.14)

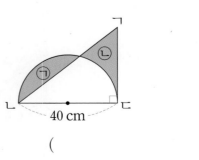

( )

01 다각형이 아닌 것을 모두 골라 기호를 써 보세요.

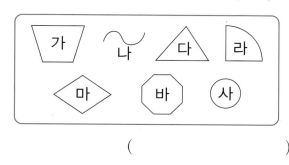

(   )

02 이등변삼각형과 정사각형을 겹치지 않게 이어 붙여 놓은 것입니다. 삼각형의 세 변의 길이의 합이 45 cm일 때 정사각형의 둘레는 몇 cm 인지 구해 보세요.

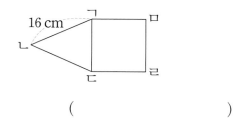

(   )

03 시계의 긴바늘과 짧은바늘이 이루는 작은 쪽의 각이 예각인 것을 찾아 기호를 써 보세요.

㉠ 8시 30분   ㉡ 3시   ㉢ 2시 35분

(   )

04 원기둥, 원뿔, 구에 대한 설명으로 틀린 것을 모두 찾아 기호를 써 보세요.

> ㉠ 원기둥의 두 밑면은 서로 평행하고 합동입니다.
> ㉡ 원기둥의 전개도에서 옆면의 가로는 밑면의 원주와 같습니다.
> ㉢ 원뿔의 모선의 길이는 항상 높이보다 짧습니다.
> ㉣ 구는 보는 방향에 따라 모양이 다릅니다.
> ㉤ 구의 반지름은 모두 같고 무수히 많습니다.

(   )

05 그림에서 찾을 수 있는 직각은 가와 나 중에서 어느 것이 몇 개 더 많은지 구해 보세요.

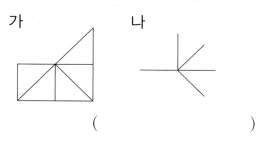

(   )

06 삼각형 ㄱㄴㄹ은 직선 ㅁㅂ을 대칭축으로 하는 선대칭도형입니다. 각 ㄱㄷㄴ과 각 ㄱㄹㄷ의 크기의 합은 몇 도인지 구해 보세요.

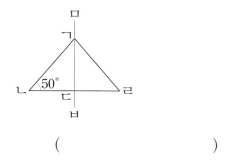

(   )

07 쌓기나무로 1층 위에 2층과 3층을 쌓으려고 합니다. 1층 모양을 보고 쌓을 수 있는 2층과 3층으로 알맞은 모양을 각각 찾아 기호를 써 보세요. (단, 2층과 3층의 모양은 다릅니다.)

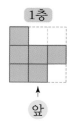

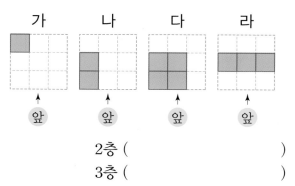

2층 (   )

3층 (   )

08 정사각형 안에 원을 꼭 맞게 그린 것입니다. ㉠은 몇 cm인지 구해 보세요.

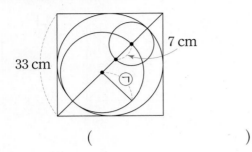

(   )

09 시계의 왼쪽에 거울을 놓고 비추었을 때 거울에 비친 모양이 다음과 같습니다. 이 시각부터 1시간 30분 후의 시각은 몇 시 몇 분인지 구해 보세요.

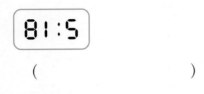

(   )

10 어떤 반원을 지름을 기준으로 한 바퀴 돌려서 만든 입체도형입니다. 돌리기 전의 반원의 넓이는 몇 cm²인지 구해 보세요. (원주율: 3)

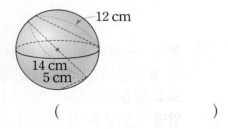

(   )

11 밑면의 모양이 그림과 같은 각뿔의 모서리의 수와 면의 수의 합은 모두 몇 개인지 구해 보세요.

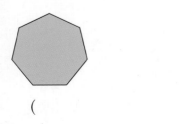

(   )

12 사다리꼴 ㄱㄴㄷㄹ에서 선분 ㄴㄹ의 길이는 몇 cm인지 구해 보세요.

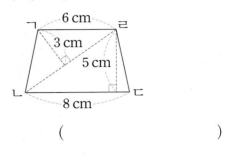

(   )

13 직선 가와 직선 나는 서로 평행합니다. ㉠의 각도를 구해 보세요.

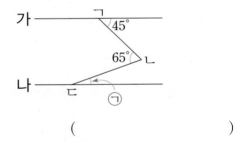

(   )

14 직사각형 모양의 종이를 그림과 같이 접었습니다. 삼각형 ㄴㄹㅂ의 넓이는 몇 cm²인지 구해 보세요.

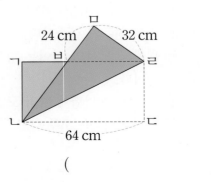

(   )

15 삼각형 ㄱㄴㄷ을 합동인 삼각형 4개로 나누었습니다. 각 ㄹㅁㄷ의 크기를 구해 보세요.

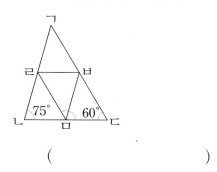

( )

16 전개도를 접어 주사위를 만들려고 합니다. 주사위에서 마주 보는 면의 눈의 수의 합이 7일 때 전개도의 빈 곳에 주사위의 눈을 알맞게 그려 넣으세요.

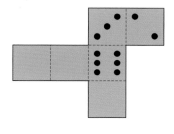

17 선대칭도형이면서 점대칭도형입니다. 이 도형의 둘레가 84 cm일 때 변 ㄹㅁ은 몇 cm인지 구해 보세요.

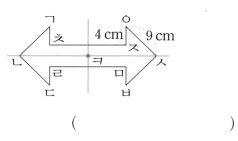

( )

18 원기둥의 밑면의 넓이가 75 cm²일 때 옆면의 넓이는 몇 cm²인지 구해 보세요. (원주율: 3)

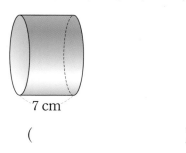

( )

19 다음 전개도를 접어서 만든 각기둥에 대한 설명을 보고 밑면의 한 모서리의 길이는 몇 cm인지 구해 보세요.

> • 각기둥의 옆면은 모두 합동입니다.
> • 각기둥의 높이는 9 cm입니다.
> • 각기둥의 모든 모서리의 길이의 합은 57 cm입니다.

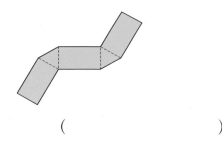

( )

20 오른쪽 그림에서 가장 작은 반원의 지름은 중간 원의 반지름의 $\frac{1}{2}$입니다. 색칠한 부분의 둘레는 몇 cm인지 구해 보세요. (원주율: 3)

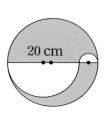

( )

MEMO

MEMO

MEMO

초등 도형
21일 총정리

정답과 풀이

정답과 풀이

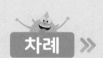

차례 »

정답과 풀이

평면도형(1)

01 선의 종류

확인문제   8쪽

1 ㉢

2 (1) ㄷ———ㄹ (2) ㄹ————ㅁ

3 직선 ㅂㅅ (또는 직선 ㅅㅂ)

1 선분: 두 점을 곧게 이은 선

2 (1) 점 ㄷ에서 시작하여 점 ㄹ을 지나는 곧은 선을 그립니다.
   (2) 점 ㅁ에서 시작하여 점 ㄹ을 지나는 곧은 선을 그립니다.

3 점 ㅂ과 점 ㅅ을 지나는 직선: 직선 ㅂㅅ 또는 직선 ㅅㅂ

개념 다지기   9쪽

01 2개 / 2개 / 1개   **02** 반직선 ㄴㄹ
03 ㉡, ㉢   **04** 6개

실력 올리기

05 ㉠, ㉢, ㉡   **06** 9개

01

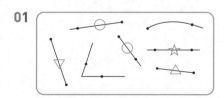

선분에 △표, 반직선에 ○표, 직선에 ☆표 하면 선분은 2개, 반직선은 2개, 직선은 1개입니다.

02 반직선은 시작점과 늘이는 방향이 같으면 같은 반직선입니다. 반직선 ㄴㄷ은 점 ㄴ이 시작점이고, 점 ㄷ이 방향을 나타냅니다.

03 ㉡ 시작하는 점과 늘이는 방향이 같은 반직선은 모두 같은 반직선입니다.
   ㉢ 직선은 끝없이 늘인 곧은 선으로 길이를 잴 수 없습니다.

04 점 ㄱ부터 그을 수 있는 선분을 차례로 알아보면 선분 ㄱㄴ, 선분 ㄱㄷ, 선분 ㄱㄹ, 선분 ㄴㄷ, 선분 ㄴㄹ, 선분 ㄷㄹ 입니다.
   따라서 그릴 수 있는 선분은 모두 6개입니다.

05 도형을 둘러싸고 있는 선분에 번호를 써서 세어 보면 다음과 같습니다.

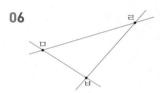

10개   6개   8개

따라서 도형에 있는 선분의 개수가 많은 순서대로 기호를 쓰면 ㉠, ㉢, ㉡입니다.

06

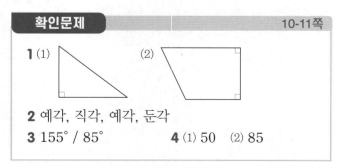

그을 수 있는 직선은 직선 ㅁㅂ(또는 직선 ㅂㅁ), 직선 ㄹㅁ(또는 직선 ㅁㄹ), 직선 ㄹㅂ(또는 직선ㅂㄹ)으로 모두 3개이고, 그을 수 있는 반직선은 반직선 ㅁㅂ, 반직선 ㅂㅁ, 반직선 ㄹㅁ, 반직선 ㅁㄹ, 반직선 ㄹㅂ, 반직선 ㅂㄹ로 모두 6개입니다.
   ⇨ 3+6=9(개)

02 각

확인문제   10-11쪽

1 (1)   (2)

2 예각, 직각, 예각, 둔각

3 155° / 85°   **4** (1) 50   (2) 85

3 합: 120°+35°=155°, 차: 120°−35°=85°

4 (1) 180°−80°−50°=50°
   (2) 360°−100°−80°−95°=85°

개념 다지기

01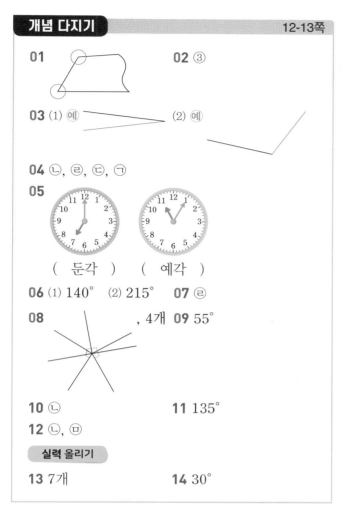

02 ③

03 (1) 예 _____

(2) 예 _____

04 ㉡, ㉣, ㉢, ㉠

05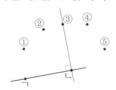

(둔각)　　　　(예각)

06 (1) 140°　(2) 215°　　**07** ㉣

08 　　　　　　, 4개　**09** 55°

10 ㉡　　　　　　　　**11** 135°

12 ㉡, ㉢

실력 올리기

13 7개　　　　　　　**14** 30°

---

01 변과 변이 만나서 이루는 도형이 각입니다.

02 직각 삼각자의 직각 부분을 점 ㄴ에 대고 그렸을 때 꼭 맞게 겹쳐지는 점은 ③입니다.

03 (1) 주어진 선분의 한 끝점에서 각도가 0°보다 크고 직각보다 작은 각을 그립니다.

(2) 주어진 선분의 한 끝점에서 각도가 직각보다 크고 180°보다 작은 각을 그립니다.

04 ㉠ 95°＋38°＝133°　　㉡ 124°－39°＝85°

㉢ 67°＋54°＝121°　　㉣ 231°－115°＝116°

85°＜116°＜121°＜133°이므로 계산한 각도가 작은 순서대로 기호를 쓰면 ㉡, ㉣, ㉢, ㉠입니다.

06 (1) 삼각형의 세 각의 크기의 합은 180°이므로
40°＋㉠＋㉡＝180°, ㉠＋㉡＝180°－40°＝140° 입니다.

---

(2) 사각형의 네 각의 크기의 합은 360°이므로
㉠＋55°＋㉡＋90°＝360°, ㉠＋㉡＋145°＝360°,
㉠＋㉡＝360°－145°＝215°입니다.

07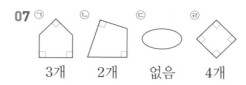

㉠　　　㉡　　　㉢　　　㉣

3개　　2개　　없음　　4개

09 한 직선이 이루는 각의 크기는 180°이므로
(각 ㄹㅇㄷ)＝180°－35°－90°＝55°입니다.

10 사각형의 네 각의 크기의 합은 360°입니다.
㉠ 70°＋40°＋105°＋145°＝360°(○)
㉡ 90°＋80°＋125°＋75°＝370°（×）
㉢ 110°＋50°＋30°＋170°＝360°(○)

11 삼각형의 세 각의 크기의 합은 180° 이므로 ㉡＝180°－45°－90°＝45° 입니다.
한 직선이 이루는 각의 크기는 180°이므로
㉠＝180°－45°＝135°입니다.

12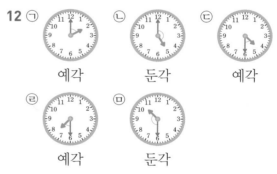

㉠　　　　㉡　　　　㉢

예각　　　둔각　　　예각

㉣　　　　㉤

예각　　　둔각

13 ・예각: 각 1개짜리 ⇨ 각 ㄱㅇㄴ, 각 ㄴㅇㄷ,
　　　　　　　　　각 ㄷㅇㄹ, 각 ㄹㅇㅁ(4개)
　　　각 2개짜리 ⇨ 각 ㄴㅇㄹ(1개)
・둔각: 각 3개짜리 ⇨ 각 ㄱㅇㄹ, 각 ㄴㅇㅁ(2개)
따라서 예각과 둔각은 모두 4＋1＋2＝7(개)입니다.

14 한 직선이 이루는 각의 크기는 180°이므로
(각 ㄱㅇㄴ)＝180°－120°＝60°,
(각 ㅁㅇㄹ)＝180°－60°－90°＝30°입니다.

정답과 풀이

03 수직

확인문제　　　　　　　　　　　　14-15쪽

1 (　)(○)(　)　**2** ⑴ 라　⑵ 가
3 (　)(　)(○)　**4** (○)(　)

1 두 직선이 서로 수직인 것은 두 직선이 만나서 이루는 각이 직각입니다.

3 수선을 그을 때에는 삼각자의 직각 부분을 사용하여 직선을 긋습니다.

4 각도기를 사용하여 수직인 직선을 그을 때 각도기에서 90°가 되는 눈금 위의 점을 찍고 직선으로 잇습니다.

개념 다지기　　　　　　　　　　　16-17쪽

01 직선 나, 직선 마　　**02** 선분 ㄱㄷ
03 (위에서부터) 2, 4, 1, 3
04 예　　　　　　　　**05**

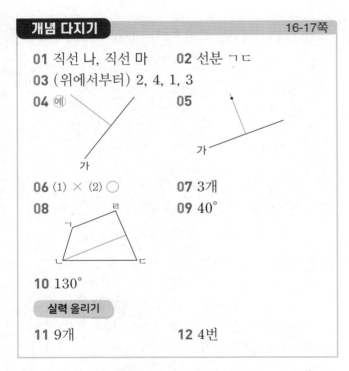

06 ⑴ ×　⑵ ○　　　**07** 3개
08　　　　　　　　　**09** 40°

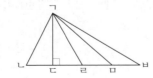

10 130°

실력 올리기

11 9개　　　　　　　　**12** 4번

02 변 ㄴㅂ과 수직으로 만나는 선분은 선분 ㄱㄷ입니다.

03 직선 가 위에 점을 찍은 후 각도기의 중심을 점 ㄱ에 맞추고 각도기의 밑금을 직선 가와 일치하도록 맞춘 다음 각도기에서 90°가 되는 눈금 위에 점 ㄴ을 찍고 점 ㄱ과 점 ㄴ을 직선으로 잇습니다.

04 삼각자의 직각 부분을 사용하여 주어진 직선과 수직인 직선을 긋습니다.

05

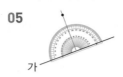

06 ⑴ 한 점을 지나고 한 직선에 수직인 직선은 1개만 그을 수 있습니다.

07

서로 수직인 변이 있는 도형은 가, 다, 마로 모두 3개입니다.

09 직선 가는 직선 나에 대한 수선이므로 두 직선이 만나서 이루는 각은 90°입니다.
　⇨ ㉠＝90°−50°＝40°

10 직선 ㄱㄴ과 직선 ㅁㅂ이 서로 수직이므로
　(각 ㄱㅇㄷ)＝90°−40°＝50°입니다.
　한 직선이 이루는 각의 크기는 180°이므로
　(각 ㄱㅇㄹ)＝180°−50°＝130°입니다.

11 ㉠

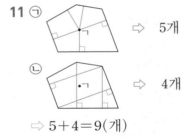

　⇨ 5개

　ㄴ

　⇨ 4개

　⇨ 5＋4＝9(개)

12

그림과 같이 시계의 긴바늘이 숫자 12를 가리키고 긴바늘과 짧은바늘이 서로 수직을 이루는 때는 오전 3시와 오전 9시, 오후 3시와 오후 9시이므로 하루에 4번입니다.

04 평행

1 (○) (   ) (   )

2 (○) (   ) (○)(   )

3

4 ㉡, ㉣

가 ────────────

5 (1) 110   (2) 80

---

2 삼각자에서 직각을 낀 변 중 한 변을 직선에 맞추고
다른 삼각자를 사용하여 평행선을 긋습니다.

4 평행선 사이의 수선은 ㉡, ㉣입니다.

5 (1)

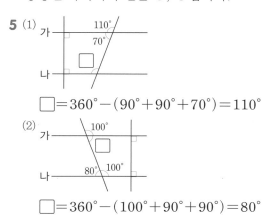

□＝360°－(90°＋90°＋70°)＝110°

(2)

□＝360°－(100°＋90°＋90°)＝80°

---

01 (1) 평행   (2) 평행선

02 (1) 변 ㄱㄹ과 변 ㄴㄷ

     (2) 변 ㄱㄴ과 변 ㄹㄷ, 변 ㄱㄹ과 변 ㄴㄷ

03
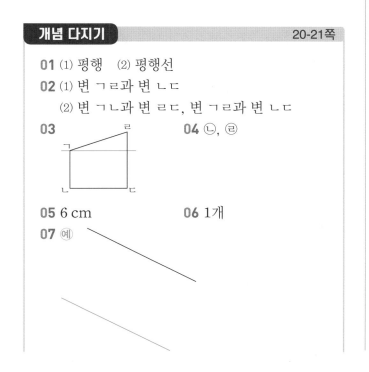

04 ㉡, ㉣

05 6 cm   **06** 1개

07 예

---

08 65°   **09** ㉣, ㉡, ㉢, ㉠

10 60°   **11** 2개

12 20 cm   **13** 5쌍

---

02 아무리 길게 늘여도 서로 만나지 않는 두 변을 찾습니다.

03 점 ㄱ을 지나고 변 ㄴㄷ과 만나지 않는 직선을 긋습니다.

04 ㉡, ㉣은 수직인 두 직선에 대한 설명입니다.

05 평행선 사이의 거리는 평행선 사이의 수선의 길이이므로 6 cm입니다.

06
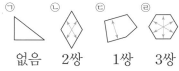

한 점을 지나고 한 직선과 평행한 직선은 1개뿐입니다.

07 ① 주어진 직선에 수직인 선분을 긋고, 그 선분의 길이가 2 cm가 되는 곳에 점을 찍습니다.

     ② ①에서 찍은 점을 지나는 평행선을 긋습니다.

08 ●＝180°－115°＝65°

     ▲＝360°－(65°＋90°＋90°)

       ＝115°

     ⇨ ㉠＝180°－115°＝65°

09 마주 보는 변 중에서 평행한 변을 찾습니다.

㉠   ㉡   ㉢   ㉣

없음   2쌍   1쌍   3쌍

10 ●＝180°－135°＝45°

     ▲＝90°－45°＝45°

     ■＝180°－(45°＋90°)＝45°

     ⇨ ㉠＝180°－(45°＋75°)＝60°

11
㉠ D   ㉡ E   ㉢ H   ㉣ K

㉤ L   ㉥ N   ㉦ S   ㉧ T

수직인 선분이 있는 글자 : ㉡, ㉢, ㉤, ㉧

평행한 선분이 있는 글자 : ㉡, ㉢, ㉥

수선과 평행선이 모두 있는 글자: ㉡, ㉢ ⇨ 2개

12 변 ㄱㄴ과 변 ㅂㅁ 사이의 거리는 변 ㄱㄴ과 변 ㄷㄹ 사이의 거리와 변 ㄷㄹ과 변 ㅂㅁ 사이의 거리의 합입니다.
  ⇨ (변 ㄴㄷ)+(변 ㄹㅁ)=5+15=20(cm)

13 ①과 ④, ②와 ③, ②와 ⑤,
  ③과 ⑤, ⑥과 ⑦이 평행하므로
  평행선은 모두 5쌍입니다.

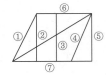

05 삼각형의 분류(1)

1 (　) (　) (○)　**2** ㄱㄷㄴ
3 8, 8　　　　　　　　**4** 60, 60, 60

2 이등변삼각형은 길이가 같은 두 변에 있는 두 각의 크기가 같으므로 (각 ㄱㄴㄷ)=(각 ㄱㄷㄴ)입니다.

3 정삼각형은 세 변의 길이가 같습니다.

4 정삼각형은 세 각의 크기가 모두 60°입니다.

01 7　　　　　　**02** (예)

03
04 18 cm

05 ㉡　　　　　　**06** 8 cm
07 7 cm　　　　　**08** ㉠, ㉡
09 ㉢　　　　　　**10** 120°
11 이등변삼각형

실력 올리기

12 45°　　　　　　**13** 6 cm

01 이등변삼각형은 두 변의 길이가 같습니다.

03 정삼각형은 세 변의 길이가 같고, 세 각의 크기가 60°로 모두 같습니다.

04 정삼각형은 세 변의 길이가 같으므로 세 변의 길이의 합은 6+6+6=18(cm)입니다.

05 ㉡ 이등변삼각형은 두 변의 길이가 같은 삼각형이므로 세 변의 길이가 같을 수도 있고, 같지 않을 수도 있습니다. 따라서 이등변삼각형은 정삼각형이라고 할 수 없습니다.

06 삼각형 ㄱㄴㄷ은 이등변삼각형이므로 (변 ㄱㄴ)=(변 ㄱㄷ)입니다.
  변 ㄱㄴ과 변 ㄱㄷ의 길이를 □cm라 하면
  □+□+11=27, □+□=16, □=8입니다.

07 이등변삼각형의 세 변의 길이의 합은 8+8+5=21(cm)입니다.
  정삼각형은 세 변의 길이가 같으므로 정삼각형의 한 변의 길이는 21÷3=7(cm)입니다.

08 ㉢ 세 변의 길이가 모두 다르므로 이등변삼각형이 아닙니다.

09 삼각형의 나머지 한 각의 크기를 구합니다.
  ㉠ 55°, 70°
    ⇨ 180°−55°−70°=55°: 이등변삼각형
  ㉡ 45°, 90°
    ⇨ 180°−45°−90°=45°: 이등변삼각형
  ㉢ 30°, 80°
    ⇨ 180°−30°−80°=70°
  ㉣ 60°, 60°
    ⇨ 180°−60°−60°=60°: 이등변삼각형

10 정삼각형은 세 각의 크기가 모두 60°이므로
  ㉠=60°+60°=120°입니다.

11 나머지 한 변의 길이는 32−8−12=12(cm)이므로 두 변의 길이가 12 cm로 같습니다. 따라서 은지가 만든 삼각형은 이등변삼각형입니다.

12 두 변의 길이가 5 cm로 같으므로 이등변삼각형입니다.
  이등변삼각형은 길이가 같은 두 변에 있는 두 각의 크기가 같으므로 ㉠=(180°−90°)÷2=45°입니다.

13 (변 ㄱㄴ)=(변 ㄴㄷ)=(변 ㄱㄷ)=(변 ㄷㄹ)이므로 변 ㄱㄴ의 길이를 □cm라 하면
  □+□+□+5=23, □+□+□=18, □=6입니다.

06 삼각형의 분류 (2)

확인문제 26쪽

1 세에 ○표, 예각 **2** ( ) ( ) (○)

3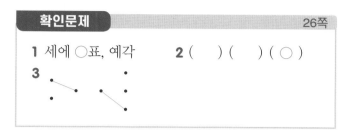

2 한 각이 둔각인 삼각형을 찾습니다.

3 두 변의 길이가 같으므로 이등변삼각형이고, 한 각이 둔각이므로 둔각삼각형입니다.

개념 다지기 27쪽

01 가, 마 / 나, 바 / 다, 라
02 ㉠ / ㉡, ㉢ **03** 1개
04 예각삼각형, 이등변삼각형, 정삼각형에 ○표
05 ㉠, ㉢

실력 올리기

06 4개
07 직각삼각형, 이등변삼각형

01 예각삼각형: 세 각이 예각인 삼각형 ⇨ 가, 마
예각삼각형: 한 각이 직각인 삼각형 ⇨ 나, 바
둔각삼각형: 한 각이 둔각인 삼각형 ⇨ 다, 라

03 예각삼각형은 세 각이 모두 예각인 삼각형이므로
나, 마, 바입니다. ⇨ 3개
둔각삼각형은 한 각이 둔각인 삼각형이므로 다, 라
입니다. ⇨ 2개
따라서 예각삼각형은 둔각삼각형보다
$3-2=1$(개) 더 많습니다.

04 • 세 각이 모두 예각이므로 예각삼각형입니다.
• 세 각의 크기가 모두 $60°$이므로 정삼각형입니다.
• 정삼각형은 이등변삼각형이라고 할 수 있습니다.

05 삼각형의 나머지 한 각의 크기를 구합니다.
㉠ $35°, 70°$ ⇨ $180°-35°-70°=75°$: 예각삼각형
㉡ $40°, 50°$ ⇨ $180°-40°-50°=90°$: 직각삼각형
㉢ $30°, 45°$ ⇨ $180°-30°-45°=105°$: 둔각삼각형
㉣ $50°, 60°$ ⇨ $180°-50°-60°=70°$: 예각삼각형

06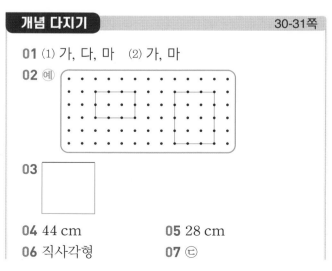

• 삼각형 1개로 이루어진 둔각삼각형: ①, ④ (2개)
• 삼각형 2개로 이루어진 둔각삼각형: ③＋④ (1개)
• 삼각형 4개로 이루어진 둔각삼각형:
①＋②＋③＋④ (1개)
⇨ (크고 작은 둔각삼각형의 개수)
＝2＋1＋1＝4(개)

07 나머지 한 각의 크기는 $180°-45°-45°=90°$입니다.
⇨ 한 각의 크기가 $90°$이므로 직각삼각형이고, 두 각의 크기가 $45°$로 같으므로 이등변삼각형입니다.

07 직사각형, 정사각형

확인문제 28-29쪽

1 네에 ○표, 직각(또는 $90°$)
2 ⑴ (위에서부터) 5, 12 ⑵ 8, 6
3 네에 ○표, 직각(또는 $90°$), 네에 ○표, 같은
4 ⑴ 13 ⑵ 7, 7

2 직사각형에서 마주 보는 두 변의 길이는 서로 같습니다.

4 정사각형은 네 변의 길이가 모두 같습니다.

개념 다지기 30-31쪽

01 ⑴ 가, 다, 마 ⑵ 가, 마
02 예

03

04 44 cm **05** 28 cm
06 직사각형 **07** ㉢

08
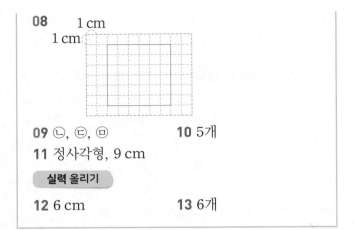
1 cm
1 cm

09 ㉡, ㉢, ㉤   **10** 5개

11 정사각형, 9 cm

실력 올리기

12 6 cm   **13** 6개

---

01 ⑴ 네 각이 모두 직각인 사각형은 가, 다, 마입니다.
　　⑵ 네 각이 모두 직각이고 네 변의 길이가 모두 같은
　　　 사각형은 가, 마입니다.

02 네 각이 모두 직각이 되도록 직사각형을 2개 그립니다.

03 나머지 세 변을 주어진 선분과 길이가 같게, 네 각이
　　 모두 직각이 되도록 그립니다.

04 직사각형은 마주 보는 두 변의 길이가 서로 같습니다.
　　 ⇨ (직사각형의 네 변의 길이의 합)
　　　 $=9+13+9+13=44\,(\text{cm})$

05 정사각형은 네 변의 길이가 모두 같습니다.
　　 ⇨ (정사각형의 네 변의 길이의 합)
　　　 $=7+7+7+7=28\,(\text{cm})$

06 변과 꼭짓점이 각각 4개씩 있는 도형은 사각형이고,
　　 그중 네 각이 모두 직각인 도형은 직사각형입니다.

07 정사각형은 네 각이 모두 직각이고 네 변의 길이가
　　 모두 같은 사각형이지만 직사각형은 네 각이 모두
　　 직각이기만 하면 됩니다.

08 정사각형은 네 변의 길이가 모두 같으므로 한 변은
　　 $24\div4=6\,(\text{cm})$인 정사각형을 그립니다.

09 ㉡ 네 각이 모두 직각이므로 직사각형입니다.
　　 ㉢ 네 변과 네 각이 있으므로 사각형입니다.
　　 ㉤ 네 각이 모두 직각이고 네 변의 길이가 모두 같으
　　　 므로 정사각형입니다.

10 크고 작은 직사각형은 다음과 같습니다.

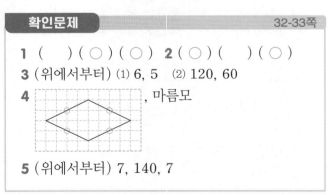

　　 ⇨ 5개

---

11 그림과 같이 접어 자른 후 접은 부분을 펼치면 네 각
　　 이 모두 직각이고 네 변의 길이가 모두 같은 정사각
　　 형이 되고 변 ㄱㅁ의 길이는 직사각형의 세로의 길
　　 이와 같은 9 cm입니다.

12 (정사각형의 네 변의 길이의 합)
　　 $=13+13+13+13=52\,(\text{cm})$
　　 직사각형에서 마주 보는 두 변의 길이는 서로 같으
　　 므로 세로의 길이를 ☐ cm라 하면
　　 $20+☐+20+☐=52$, $☐+☐=12$, $☐=6$입니다.

13 사각형 1개짜리: 3개
　　 사각형 3개짜리: 2개
　　 사각형 6개짜리: 1개
　　 ⇨ (크고 작은 정사각형의 개수)$=3+2+1=6\,(\text{개})$

---

08 사다리꼴, 평행사변형, 마름모

확인문제   32~33쪽

1 (　) (○) (○)   **2** (○) (　) (○)

3 (위에서부터) ⑴ 6, 5　 ⑵ 120, 60

4 , 마름모

5 (위에서부터) 7, 140, 7

---

1 평행한 변이 한 쌍이라도 있는 사각형을 찾습니다.

2 마주 보는 두 쌍의 변이 서로 평행한 사각형을 찾습
　 니다.

3 평행사변형은 마주 보는 두 변의 길이가 같고, 마주
　 보는 두 각의 크기가 같습니다.

5 마름모는 네 변의 길이가 모두 같고, 마주 보는 두 각
　 의 크기가 같습니다.

개념 다지기   34-35쪽

01 가, 다, 라, 마, 바 / 가, 다, 라, 바 / 가, 라

02 예

03 3개   **04** 130°

05 21 cm   **06** ㉠, ㉣

07 50°   **08** 72 cm

09 9 cm   **10** 115°

11 9개

실력 올리기

12 50°   **13** 31 cm

---

01 사다리꼴: 평행한 변이 한 쌍이라도 있는 사각형은 가, 다, 라, 마, 바입니다.

평행사변형: 마주 보는 두 쌍의 변이 평행한 사각형은 가, 다, 라, 바입니다.

마름모: 네 변의 길이가 모두 같은 사각형은 가, 라입니다.

03 선을 따라 잘라낸 도형 중 마주 보는 두 쌍의 변이 서로 평행한 사각형은 나, 라, 바로 3개입니다.

04 평행사변형에서 이웃하는 두 각의 크기의 합은 180°입니다.

⇨ ㉠+50°=180°, ㉠=130°

05 마름모는 네 변의 길이가 모두 같으므로 한 변의 길이는 84÷4=21(cm)입니다.

06 ㉠ 평행사변형은 마주 보는 두 변의 길이가 서로 같습니다.

㉣ 평행사변형은 이웃한 두 각의 크기의 합이 180°입니다.

07 마름모에서 이웃하는 두 각의 크기의 합은 180°이므로 ㉠+65°=180°, ㉠=115°입니다.

마름모는 마주 보는 두 각의 크기가 서로 같으므로 ㉡=65°입니다.

⇨ ㉠-㉡=115°-65°=50°

08 마름모는 네 변의 길이가 같으므로 평행사변형의 네 변의 길이의 합은 길이가 12 cm인 변 6개의 길

이의 합과 같습니다. ⇨ 12×6=72(cm)

09 평행사변형에서 마주 보는 두 변의 길이는 같으므로 변 ㄱㄹ의 길이를 ☐ cm라 하면

☐+6+☐+6=30, ☐+☐=18, ☐=9입니다.

10 평행사변형에서 마주 보는 각의 크기는 같으므로 (각 ㄱㄹㄷ)=115°입니다.

마름모에서 이웃하는 두 각의 크기의 합은 180°이므로 (각 ㅁㄹㄷ)=180°-50°=130°입니다.

⇨ (각 ㄱㄹㅁ)=360°-115°-130°=115°

11 사각형 1개짜리: 4개

사각형 2개짜리: 4개

사각형 4개짜리: 1개

⇨ (크고 작은 평행사변형의 개수)

=4+4+1=9(개)

12 마름모에서 마주 보는 각의 크기는 같으므로 (각 ㄱㄹㄷ)=(각 ㄱㄴㄷ)=80°이고,

(변 ㄱㄹ)=(변 ㄹㄷ)이므로 삼각형 ㄱㄷㄹ은 이등변삼각형입니다.

⇨ (각 ㄱㄷㄹ)=(180°-80°)÷2=50°

다른 풀이

마름모에서 이웃하는 두 각의 크기의 합은 180°이므로 (각 ㄴㄷㄹ)=180°-80°=100°입니다.

⇨ (각 ㄱㄷㄹ)=(각 ㄴㄷㄹ)÷2=100°÷2=50°

13 네 변의 길이의 합이 가장 큰 평행사변형을 만들려면 오른쪽과 같이 잘라야 합니다.

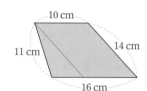

따라서 남은 도형의 모든 변의 길이의 합은

11+(16-10)+14=31(cm)입니다.

09 여러 가지 사각형

확인문제   36쪽

1 가, 다, 라, 마, 바, 사 / 가, 다, 라, 마, 바 / 가, 라 / 가

2 (1) ×   (2) ○   (3) ×   (4) ○

정답과 풀이

개념 다지기   37쪽

01 가, 나, 다, 라, 바, 사 / 나, 라, 사 / 라 / 라, 사 / 라

02 사다리꼴, 평행사변형, 직사각형에 ○표

03 ㉢   **04** 직사각형, 정사각형

05 ㉢, ㉺

실력 올리기

06 정사각형, 예

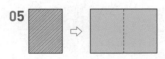

02 같은 길이의 막대가 2개씩 있으므로 마주 보는 변의 길이가 같은 사각형을 만들 수 있습니다. 따라서 막대로 만들 수 있는 사각형은 사다리꼴, 평행사변형, 직사각형입니다.

03 ㉢ 직사각형은 마주 보는 두 쌍의 변이 서로 평행하므로 평행사변형이라고 할 수 있습니다.

04 • 마주 보는 두 쌍의 변이 서로 평행한 사각형: 평행사변형, 마름모, 직사각형, 정사각형
 • 네 각의 크기가 모두 같은 사각형: 직사각형, 정사각형
 따라서 조건을 모두 만족하는 사각형은 직사각형, 정사각형입니다.

05

만들어진 사각형은 마주 보는 두 쌍의 변이 서로 평행하고 네 각이 모두 직각이므로 사다리꼴, 평행사변형, 직사각형이라고 할 수 있고 네 변의 길이가 모두 같지는 않으므로 마름모, 정사각형이라고는 할 수 없습니다.

06 • 마주 보는 두 쌍의 변이 서로 평행한 사각형: 평행사변형, 마름모, 직사각형, 정사각형
 • 마름모라고 할 수 있는 사각형: 마름모, 정사각형
 • 직사각형이라고 할 수 있는 사각형: 직사각형, 정사각형
 따라서 조건을 모두 만족하는 사각형은 정사각형입니다.

실력 확인 문제   38-40쪽

01

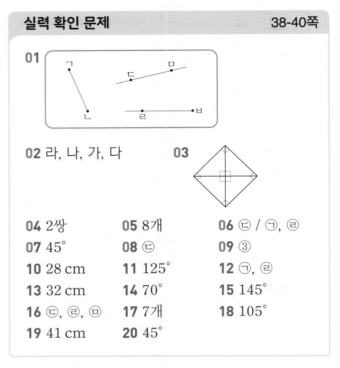

02 라, 나, 가, 다   **03**

04 2쌍	**05** 8개	**06** ㉢ / ㉠, ㉺
07 45°	**08** ㉢	**09** ③
10 28 cm	**11** 125°	**12** ㉠, ㉺
13 32 cm	**14** 70°	**15** 145°
16 ㉢, ㉺, ㉺	**17** 7개	**18** 105°
19 41 cm	**20** 45°	

02

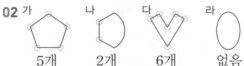

5개   2개   6개   없음

03 삼각자의 직각 부분을 이용하여 직각을 찾습니다.

04

직선 가와 직선 다, 직선 바와 직선 사가 서로 평행하므로 평행선은 2쌍입니다.

05

⇨ 8개

06

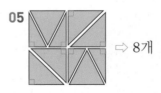

㉢ 세 각이 예각이므로 예각삼각형입니다.
㉠, ㉺ 한 각이 둔각이므로 둔각삼각형입니다.
㉡ 한 각이 직각이므로 직각삼각형입니다.

07

●=45°이므로 ㉠=90°−45°=45°입니다.

08 ㉢ 한 직선에 평행한 직선은 셀 수 없이 많습니다.

09 시계를 나타내어 보면 다음과 같습니다.

① ② ③

④ ⑤

따라서 시계의 두 바늘이 이루는 작은 쪽의 각의 크기가 가장 큰 것은 ③ 5시입니다.

10 (직선 가와 직선 나 사이의 거리)=12 cm
(직선 나와 직선 다 사이의 거리)=16 cm
(직선 가와 직선 다 사이의 거리)
=12+16=28 (cm)

11

삼각형의 세 각의 크기의 합은 180°이므로
●=180°−(100°+50°)=30°입니다.
사각형의 네 각의 크기의 합은 360°이므로
㉠=360°−(100°+105°+30°)=125°입니다.

12 두 각의 크기가 70°로 같으므로 이등변삼각형입니다.
나머지 한 각의 크기는 180°−70°−70°=40°이므로 세 각이 모두 예각인 예각삼각형입니다.

13 직사각형의 짧은 변을 한 변으로 하는 가장 큰 정사각형을 만들 수 있으므로 만든 정사각형의 한 변의 길이는 8 cm입니다.
따라서 만든 정사각형의 네 변의 길이의 합은
8×4=32 (cm)입니다.

14 평행사변형은 마주 보는 각의 크기가 같으므로
(각 ㄱㄴㄷ)=110°입니다.
▷ ㉠=180°−110°=70°

15 55°+90°+(각 ㄴㅂㄷ)=180°, (각 ㄴㅂㄷ)=35°
한 직선이 이루는 각의 크기는 180°이므로
(각 ㄱㅂㄴ)=180°−35°=145°입니다.

16 네 변의 길이가 모두 같고 마주 보는 두 쌍의 변이 서로 평행하므로 사다리꼴, 평행사변형, 마름모라고 할 수 있습니다.

17

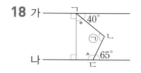

도형 1개짜리: ⑤, ⑥ ▷ 2개
도형 2개짜리: ⑤+⑥ ▷ 1개
도형 4개짜리: ①+②+③+④, ①+④+⑤+⑥,
③+④+⑤+⑥ ▷ 3개
도형 6개짜리: ①+②+③+④+⑤+⑥ ▷ 1개
▷ 2+1+3+1=7(개)

18 가

●=90°−40°=50°, ▲=180°−65°=115°
사각형의 네 각의 합은 360°이므로
㉠=360°−(50°+90°+115°)=105°입니다.

19 이등변삼각형의 나머지 한 변의 길이는
25−8−8=9 (cm)이고 마름모의 한 변의 길이는
8 cm이므로 사다리꼴의 네 변의 길이의 합은
8×4+9=41 (cm)입니다.

20 삼각형 ㄱㄴㅁ은 이등변삼각형이므로
(각 ㄱㅁㄴ)=(각 ㄱㄴㅁ)=45°,
(각 ㄴㄱㅁ)=180°−(45°+45°)=90°입니다.
평행사변형에서 이웃한 두 각의 크기의 합은 180°이므로 (각 ㄴㄱㄹ)=180°−45°=135°입니다.
▷ (각 ㄹㄱㅁ)=135°−90°=45°

평면도형(2)

10 다각형

확인문제 42쪽

1 다각형　　　　　　**2** 나, 라

개념 다지기 43쪽

01 가, 다, 라, 마, 바, 사
02 가, 다, 사
03 오각형 / 육각형 / 칠각형
04

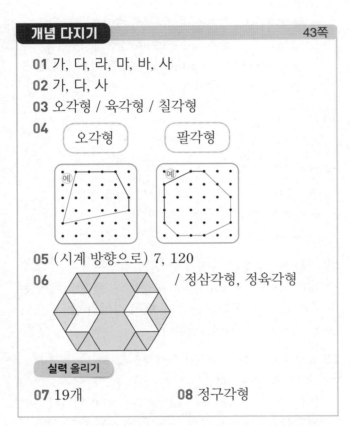

| 오각형 | 팔각형 |

05 (시계 방향으로) 7, 120
06　　　　　　　　　 / 정삼각형, 정육각형

실력 올리기

07 19개　　　　　　　　**08** 정구각형

01 선분으로만 둘러싸인 도형은 가, 다, 라, 마, 바, 사입니다.

02 변의 길이가 모두 같고, 각의 크기가 모두 같은 도형은 가, 다, 사입니다.

03 변이 ■개인 다각형의 이름 ⇨ ■각형

05 정다각형은 변의 길이가 모두 같고, 각의 크기가 모두 같습니다.

07 정칠각형의 각의 수: 7개
십이각형의 변의 수: 12개
⇨ ㉠+㉡=7+12=19(개)

08 선분으로만 둘러싸인 도형이므로 다각형이고, 변이 9개이므로 구각형입니다. 변의 길이와 각의 크기가 모두 같으므로 정구각형입니다.

11 대각선

확인문제 44쪽

1 (1)　　　　　　(2)

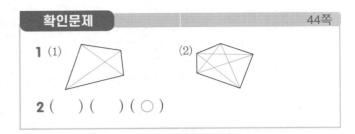

2 (　　) (　　) (○)

1 이웃하지 않은 두 꼭짓점끼리 모두 선으로 잇습니다.

2

개념 다지기 45쪽

01 나　　　　　　**02** 가, 라, 다, 나
03 가, 다　　　　　**04** 26 cm
05 14개　　　　　**06** ㉡, ㉢
07 22개

실력 올리기

08 90°, 20 cm　　　　**09** 28 cm

01 삼각형은 모든 꼭짓점이 서로 이웃하므로 대각선을 그을 수 없습니다.

02 도형에 각각 대각선을 그어 보면 가는 9개, 나는 0개, 다는 2개, 라는 5개입니다. 따라서 대각선의 수가 많은 순서대로 기호를 쓰면 가, 라, 다, 나입니다.

03

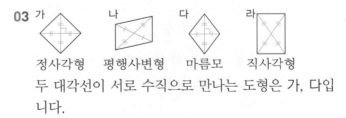

가	나	다	라
정사각형	평행사변형	마름모	직사각형

두 대각선이 서로 수직으로 만나는 도형은 가, 다입니다.

04 직사각형은 두 대각선의 길이가 같으므로
(선분 ㄱㄷ)=(선분 ㄴㄹ)=26 cm입니다.

05 7개의 선분으로만 둘러싸인 다각형은 칠각형입니다. 칠각형에서 서로 이웃하지 않은 두 꼭짓점을 이은 선분은 모두 14개입니다.

다른 풀이

(칠각형의 대각선의 수)=(7-3)×7÷2=14(개)

06

㉠ 정사각형은 두 대각선의 길이가 같지만 마름모는 두 대각선의 길이가 다릅니다.

07 (오각형의 대각선의 수)=(5−3)×5÷2=5(개)
(정구각형의 대각선의 수)
=(9−3)×9÷2=27(개)
⇨ 27−5=22(개)

08 정사각형의 두 대각선은 서로 수직으로 만나므로 (각 ㄹㅁㄷ)=90°입니다.
정사각형은 한 대각선이 다른 대각선을 똑같이 둘로 나누므로 (선분 ㄱㄷ)=10+10=20(cm)이고,
정사각형은 두 대각선의 길이가 같으므로
(선분 ㄴㄹ)=(선분 ㄱㄷ)=20cm입니다.

09 평행사변형은 한 대각선이 다른 대각선을 똑같이 둘로 나눕니다.
(변 ㄱㅁ)=14÷2=7(cm),
(변 ㅁㄹ)=(변 ㄴㅁ)=9 cm, (변 ㄱㄹ)=12 cm
따라서 삼각형 ㄱㅁㄹ의 세 변의 길이의 합은
7+9+12=28(cm)입니다.

12 다각형의 각의 크기

확인문제 46쪽

1 6, 720
2 4, 720 / 720, 6, 120

2 (모든 각의 크기의 합)=180°×(6−2)
=180°×4=720°
(한 각의 크기)=720°÷6=120°

개념 다지기 47쪽

01 (1) 1260° (2) 1620° **02** 135°
03 140° **04** 60°
05 144° **06** 36°

실력 올리기

07 ㉠, ㉣, ㉤

01 (1) 구각형은 7개의 삼각형으로 나눌 수 있습니다.
(구각형의 모든 각의 크기의 합)
=180°×7=1260°

(2) 십일각형은 9개의 삼각형으로 나눌 수 있습니다.
(십일각형의 모든 각의 크기의 합)
=180°×9=1620°

02 (정팔각형의 모든 각의 크기의 합)
=180°×(8−2)=1080°
(정팔각형의 한 각의 크기)
=1080°÷8=135°

03 칠각형은 5개의 삼각형으로 나눌 수 있습니다.
(칠각형의 모든 각의 크기의 합)=180°×5=900°
⇨ ㉠=900°−(130°+145°+120°+115°+150°
+100°)
=140°

04 정육각형은 사각형 2개로 나눌 수 있으므로 모든 각의 크기의 합은 360°×2=720°입니다.
⇨ ㉡=720°÷6=120°, ㉠=180°−120°=60°

05 변이 30÷3=10(개)인 정다각형이므로 정십각형입니다.
(정십각형의 한 각의 크기)
=180°×(10−2)÷10=144°

06

정오각형의 모든 각의 크기의 합은
180°×(5−2)=540°이므로
㉠=●=540°÷5=108°, ▲=180°−108°=72°
이고, 평행사변형에서 마주 보는 각의 크기는 같으므로 ㉡=▲=72°입니다.
따라서 ㉠과 ㉡의 각도의 차는 108°−72°=36°입니다.

07 정육각형의 모든 각의 크기의 합은
180°×(6−2)=720°이고,
한 각의 크기는 720°÷6=120°이므로
(각 ㅅㄷㄴ)=(각 ㅅㄷㄴ)=180°−120°=60°,
(각 ㄴㅅㄷ)=180°−(60°+60°)=60°입니다.
따라서 삼각형 ㄴㅅㄷ은 세 각의 크기가 모두 60°인 정삼각형입니다.
정삼각형은 세 각이 모두 예각이므로 예각삼각형, 두 각이 같으므로 이등변삼각형이라고 할 수 있습니다.

13 다각형의 둘레

1 5, 20 / 8, 40
2 6, 4, 20 / 5, 2, 26 / 7, 4, 28
3 42 cm   4 50 cm

3
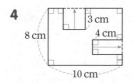

도형의 둘레는 가로가 13 cm, 세로가 8 cm인 직사
각형의 둘레와 같습니다.
(도형의 둘레)=(13+8)×2=42(cm)

4
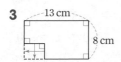

도형의 둘레는 가로가 10 cm, 세로가 8 cm인 직사
각형의 둘레에 (3×2) cm와 (4×2) cm를 더합니다.
(도형의 둘레)=(10+8)×2+3×2+4×2
=50(cm)

01 16 cm	02 정십육각형
03 9 cm	04 9 cm
05 56 cm	06 64 cm
07 7 cm	08 62 cm
09 74 cm	10 40 cm
11 54 cm	

실력 올리기

12 18 cm	13 6 cm

01 변의 수가 7개이므로 정칠각형입니다.
(한 변의 길이)=112÷7=16(cm)

02 (정다각형의 둘레)=(한 변의 길이)×(변의 수)
⇨ (변의 수)=(정다각형의 둘레)÷(한 변의 길이)
한 변이 3 cm, 둘레가 48 cm인 정다각형의 변의
수는 48÷3=16(개)이므로 정십육각형입니다.

03 (직사각형의 둘레)=(11+7)×2=36(cm)
(정사각형의 한 변의 길이)=36÷4=9(cm)

04 (정오각형의 둘레)=10×5=50(cm)이므로 평행
사변형의 둘레는 50 cm입니다.
변 ㄱㄴ의 길이를 □cm라 하면 (16+□)×2=50,
16+□=25, □=9입니다.

05 정사각형, 정삼각형, 정오각형의 한 변의 길이는 모
두 7 cm입니다.
만든 도형은 길이가 7 cm인 변 8개로 둘러싸인 도
형이므로 둘레는 7×8=56(cm)입니다.

06
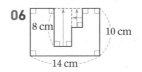

가로가 14 cm, 세로가 10 cm인 직사각형의 둘레
에 (8×2) cm를 더합니다.
(도형의 둘레)=(14+10)×2+8×2=64(cm)

07 만든 도형은 정육각형의 한 변과 길이가 같은 변 6개
와 길이가 10 cm인 변 2개로 둘러싸인 도형이므로
정육각형의 한 변의 길이를 □cm라 하면
6×□+10×2=62, 6×□=42, □=7입니다.

08
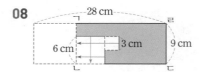

가장 큰 정사각형의 한 변은 9 cm이고 잘라내고 남
은 도형의 둘레는 직사각형 ㄱㄴㄷㄹ의 둘레에
(3×2) cm를 더합니다.
⇨ (28-9+9)×2+3×2=62(cm)

09
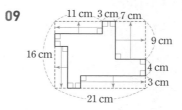

도형의 둘레는 가로가 11+3+7=21(cm),
세로가 9+4+3=16(cm)인 직사각형의 둘레와
같습니다.
(도형의 둘레)=(21+16)×2=74(cm)

10

작은 직사각형의 가로는 세로의 5배이므로 작은 직사각형 한 개의 둘레는 세로의 12배와 같습니다.
작은 직사각형의 세로를 □ cm라 하면
□×12=24, □=2입니다.
따라서 큰 정사각형의 한 변의 길이는
2×5=10 (cm)이므로 둘레는 10×4=40 (cm)입니다.

11 도형의 둘레는 가로가 (3×4) cm, 세로가 (3×3) cm인 직사각형의 둘레에 (3×4) cm를 더합니다.
⇨ (12+9)×2+3×4=54 (cm)

12 (정팔각형의 둘레)=10×8=80 (cm)
직사각형의 가로를 □ cm라 하면
세로는 (□+4) cm, 둘레는 80 cm이므로
(□+□+4)×2=80, □+□+4=40,
□+□=36, □=18입니다.

13 정삼각형과 정사각형이므로 모든 변의 길이는 같고, 정삼각형을 그림과 같이 이동하면 도형의 둘레는 정삼각형 한 변의 길이의 11배입니다.

⇨ (정삼각형 한 변의 길이)=66÷11=6 (cm)

14 직사각형의 넓이

확인문제 52-53쪽

1 13 cm² / 12 cm²　　**2** (1) 20　(2) 9
3 (1) 400000　(2) 7000000
4 (1) 9, 7, 63　(2) 8, 8, 64
5 (1) 78 cm²　(2) 60 cm²

2 (1) 400 cm=4 m이고, 1 m² 단위넓이가 가로로 5번, 세로로 4번 들어갑니다.
따라서 도형의 넓이는 5×4=20 (m²)입니다.

(2) 300 cm=3 m이고, 1 m² 단위넓이가 가로로 3번, 세로로 3번 들어갑니다.
따라서 도형의 넓이는 3×3=9 (m²)입니다.

5 (1) (12×9)−(5×6)=78 (cm²)
(2) 색칠한 부분은 모으면 가로가 12 cm, 세로가 8−3=5 (cm)인 직사각형이 됩니다.
⇨ (색칠한 부분의 넓이)=12×5=60 (cm²)

개념 다지기 54-55쪽

01 다, 가, 나　　　　　　**02** 84 m²
03 144 cm²　　　　　　**04** 15
05 (1) 153 cm²　(2) 122 cm²
06 108 m²　　　　　　**07** 600 cm
08 80 cm²　　　　　　**09** 60 m
10 48 cm　　　　　　**11** 5 cm

실력 올리기

12 61 m²　　　　　　**13** 49 cm²

01 각 도형이 단위넓이의 몇 배인지 구해 보면
가는 14배, 나는 12배, 다는 16배입니다.
따라서 넓이가 넓은 순서대로 기호를 쓰면 다, 가, 나입니다.

02 700 cm=7 m이므로
(땅의 넓이)=12×7=84 (m²)입니다.

03 정사각형은 네 변의 길이가 모두 같으므로
(한 변의 길이)=48÷4=12 (cm)입니다.
⇨ (정사각형의 넓이)=12×12=144 (cm²)

04 (직사각형의 넓이)=(가로)×(세로)이므로
□×9=135, □=15입니다.

05 (1) 세 부분으로 나누어 넓이를 구한 후 더합니다.

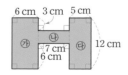

(색칠한 부분의 넓이)
=(㉮의 넓이)+(㉯의 넓이)+(㉰의 넓이)
=(6×12)+{7×(12−3−6)}+(5×12)
=153 (cm²)

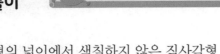

(2) 큰 직사각형의 넓이에서 색칠하지 않은 직사각형 2개의 넓이를 뺍니다.

(색칠한 부분의 넓이)
$=(14 \times 11)-(2 \times 6)-(5 \times 4)=122 \, (cm^2)$

06

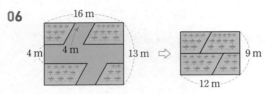

길을 제외한 나머지 부분의 넓이는
가로 $16-4=12 \, (m)$, 세로 $13-4=9 \, (m)$인 직사각형의 넓이와 같습니다.

⇨ (색칠한 부분의 넓이)$=12 \times 9=108 \, (m^2)$

07 $18 \, m^2=180000 \, cm^2$이므로
나무 판의 가로를 □cm라 하면
□$\times 300=180000$, □$=600$입니다.

08

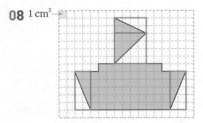

색칠한 부분의 넓이는 단위넓이의 80배이므로 $80 \, cm^2$입니다.

09 (꽃밭의 넓이)$=25 \times 9=225 \, (m^2)$이므로 잔디밭의 넓이는 $225 \, m^2$입니다.
잔디밭의 한 변의 길이를 □m라 하면
□$\times$□$=225$, $15 \times 15=225$, □$=15$입니다.
⇨ (잔디밭의 둘레)$=15 \times 4=60 \, (m)$

10 정사각형 한 개의 넓이는 $112 \div 7=16 \, (cm^2)$이고, $4 \times 4=16$이므로 정사각형의 한 변의 길이는 4 cm입니다.
따라서 만든 도형의 둘레는 정사각형의 한 변의 12배이므로 $4 \times 12=48 \, (cm)$입니다.

11 (도형의 넓이)
$=$ (㉮의 넓이)$+$(㉯의 넓이)
㉠의 길이를 □cm라 하면
$(7 \times 3)+(12 \times$□$)=81$,
$21+12 \times$□$=81$,
$12 \times$□$=60$, □$=5$입니다.

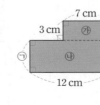

12

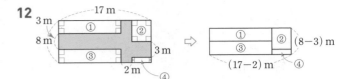

색칠하지 않은 부분의 넓이는
가로가 $17-2=15 \, (m)$, 세로가 $8-3=5 \, (m)$인 직사각형의 넓이와 같습니다.
(색칠하지 않은 부분의 넓이)$=15 \times 5=75 \, (m^2)$
(전체 큰 직사각형의 넓이)$=17 \times 8=136 \, (m^2)$
(색칠한 부분의 넓이)
$=$ (전체 큰 직사각형의 넓이)
$-$ (색칠하지 않은 부분의 넓이)
$=136-75=61 \, (m^2)$

13

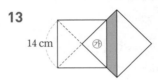

(정사각형 한 개의 넓이)$=14 \times 14=196 \, (cm^2)$
색칠한 부분과 겹쳐진 부분 ㉮의 넓이의 합은 정사각형 넓이의 반입니다.
(색칠한 부분과 겹쳐진 부분 ㉮의 넓이의 합)
$=196 \div 2=98 \, (cm^2)$
겹쳐진 부분 ㉮의 넓이는 정사각형의 넓이는 $\frac{1}{4}$입니다.
(겹쳐진 부분 ㉮의 넓이)$=196 \div 4=49 \, (cm^2)$
(색칠한 부분의 넓이)$=98-49=49 \, (cm^2)$

15 평행사변형의 넓이, 삼각형의 넓이

56-57쪽

1 (1) 예 (2) 예

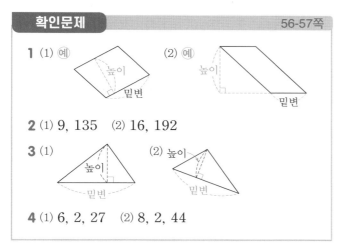

2 (1) 9, 135 (2) 16, 192

3 (1) (2)

4 (1) 6, 2, 27 (2) 8, 2, 44

1 평행사변형의 높이는 두 밑변 사이의 거리입니다.

2 (평행사변형의 넓이)＝(밑변의 길이)×(높이)

4 (삼각형의 넓이)＝(밑변의 길이)×(높이)÷2

58-59쪽

01 4 cm / 3 cm / 4 cm / 4 cm

02

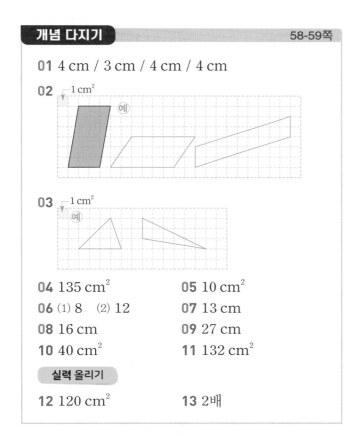

03

04 135 cm² **05** 10 cm²

06 (1) 8 (2) 12 **07** 13 cm

08 16 cm **09** 27 cm

10 40 cm² **11** 132 cm²

12 120 cm² **13** 2배

02 주어진 평행사변형의 넓이는 $3×6=18\,(cm^2)$이므로 밑변의 길이와 높이의 곱이 18이 되도록 평행사변형을 그립니다.

---

03 넓이가 6 cm²이므로 밑변의 길이와 높이의 곱이 12가 되도록 삼각형을 그립니다.

04 평행사변형의 밑변은 15 cm이고 높이는 9 cm이므로 넓이는 $15×9=135\,(cm^2)$입니다.

05 가의 넓이: $8×11÷2=44\,(cm^2)$
나의 넓이: $9×12÷2=54\,(cm^2)$
⇨ $54-44=10\,(cm^2)$

06 (1) (평행사변형의 넓이)＝$12×10=120\,(cm^2)$
평행사변형의 밑변이 15 cm일 때, 높이는 □cm이므로 $15×□=120$, □=8입니다.
(2) (삼각형의 넓이)＝$8×6÷2=24\,(cm^2)$
삼각형의 밑변이 □cm일 때 높이는 4 cm이므로 $□×4÷2=24$, $□×4=48$, □=12입니다.

07 (평행사변형의 넓이)＝(밑변의 길이)×(높이)이므로 (밑변의 길이)＝(평행사변형의 넓이)÷(높이)입니다.
⇨ (밑변의 길이)＝$221÷17=13\,(cm)$

08 (평행사변형의 넓이)＝$9×16=144\,(cm^2)$
(삼각형의 넓이)＝(밑변의 길이)×(높이)÷2이므로 (밑변의 길이)＝(삼각형의 넓이)×2÷(높이)입니다.
⇨ (밑변의 길이)＝$144×2÷18=16\,(cm)$

09 (정사각형의 넓이)＝$18×18=324\,(cm^2)$
⇨ (평행사변형의 높이)＝$324÷12=27\,(cm)$

10 (가의 밑변의 길이)＝$20×2÷4=10\,(cm)$이고, 가와 나의 밑변의 길이가 같으므로 (나의 넓이)＝$10×8÷2=40\,(cm^2)$입니다.

두 삼각형의 밑변의 길이가 같고 높이는 나가 가의 2배입니다. 따라서 나의 넓이는 가의 넓이의 2배인 40 cm²입니다.

11 평행사변형은 마주 보는 변의 길이가 같으므로 (밑변의 길이)＝$(48-13-13)÷2=11\,(cm)$입니다.
⇨ (평행사변형의 넓이)＝$11×12=132\,(cm^2)$

12 잘라 내고 남은 부분을 이어 붙이면 밑변이 15 cm, 높이가 8 cm인 평행사변형이 되므로 남은 종이의 넓이는 $15×8=120\,(cm^2)$입니다.

13 직선 ㄱㄴ과 직선 ㄷㄹ이 서로 평행하므로 가와 나는 높이가 같습니다.
두 도형의 높이를 ☐ cm라 하면
(가의 넓이)=(14×☐) cm²,
(나의 넓이)=(7×☐) cm²이므로 가의 넓이는 나의 넓이의 2배입니다.

다른 풀이

두 평행사변형의 높이가 같고 밑변의 길이는 가가 나의 2배입니다. 따라서 가의 넓이는 나의 넓이의 2배입니다.

16 마름모의 넓이, 사다리꼴의 넓이

확인문제
60-61쪽

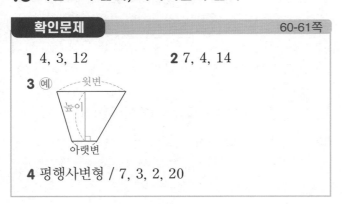

1 4, 3, 12   **2** 7, 4, 14

3 예

4 평행사변형 / 7, 3, 2, 20

개념 다지기
62-63쪽

01 (1) 108 cm²   (2) 75 cm²
02 (1) 64 cm²   (2) 115 cm²
03

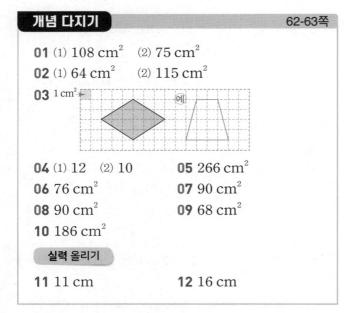

04 (1) 12   (2) 10   **05** 266 cm²
06 76 cm²   **07** 90 cm²
08 90 cm²   **09** 68 cm²
10 186 cm²

실력 올리기

11 11 cm   **12** 16 cm

01 (1) $24 \times 9 \div 2 = 108 \, (\text{cm}^2)$
(2) $(5 \times 2) \times 15 \div 2 = 75 \, (\text{cm}^2)$
02 (1) $(6+10) \times 8 \div 2 = 64 \, (\text{cm}^2)$
(2) $(14+9) \times 10 \div 2 = 115 \, (\text{cm}^2)$

03 (마름모의 넓이)$=6 \times 4 \div 2 = 12 \, (\text{cm}^2)$이므로
(윗변의 길이+아랫변의 길이)×(높이)÷2=12,
(윗변의 길이+아랫변의 길이)×(높이)=24입니다.
따라서 윗변과 아랫변의 길이의 합과 높이의 곱이 24인 사다리꼴을 그립니다.

04 (1) 마름모의 넓이는 96 cm²이므로
$16 \times ☐ \div 2 = 96$, $16 \times ☐ = 192$, $☐ = 12$입니다.
(2) 사다리꼴의 넓이는 115 cm²이므로
$(8+15) \times ☐ \div 2 = 115$, $23 \times ☐ \div 2 = 115$
$23 \times ☐ = 230$, $☐ = 10$입니다.

05 마름모의 넓이는 직사각형 넓이의 반이므로
$532 \div 2 = 266 \, (\text{cm}^2)$입니다.

06 (삼각형 ㄱㄴㄹ의 높이)$=28 \times 2 \div 7 = 8 \, (\text{cm})$
사다리꼴 ㄱㄴㄷㄹ의 높이는 삼각형 ㄱㄴㄹ의 높이와 같습니다.
⇨ (사다리꼴 ㄱㄴㄷㄹ의 넓이)
$=(7+12) \times 8 \div 2 = 76 \, (\text{cm}^2)$

07 (선분 ㄱㅂ)$=14+9=23 \, (\text{cm})$이므로
사다리꼴 ㄱㄴㄷㅂ의 높이를 ☐ cm라 하면
$(23+14) \times ☐ \div 2 = 185$, $37 \times ☐ = 370$, $☐ = 10$입니다.
따라서 마름모 ㅁㄹㄷㅂ에서 한 대각선이
$10 \times 2 = 20 \, (\text{cm})$, 다른 대각선이 9 cm이므로
(마름모의 넓이)$=20 \times 9 \div 2 = 90 \, (\text{cm}^2)$입니다.

08 (윗변과 아랫변의 길이의 합)
$=44-(15+9)=20 \, (\text{cm})$
(사다리꼴의 넓이)$=20 \times 9 \div 2 = 90 \, (\text{cm}^2)$

09 (삼각형 ㄱㄴㄹ의 넓이)$=10 \times 4 \div 2 = 20 \, (\text{cm}^2)$
삼각형 ㄱㄴㄹ의 또 다른 밑변을 변 ㄱㄹ이라 하면
높이는 $20 \times 2 \div 5 = 8 \, (\text{cm})$입니다.
따라서 사다리꼴 ㄱㄴㄷㄹ의 높이가 8 cm이므로
넓이는 $(5+12) \times 8 \div 2 = 68 \, (\text{cm}^2)$입니다.

10 색칠한 부분은 색종이를 접은 부분이므로 접기 전의 모양과 같습니다. 접기 전의 모양은 사다리꼴 모양으로 윗변은 $34-22=12 \, (\text{cm})$,
아랫변은 $34-15=19 \, (\text{cm})$, 높이는 12 cm입니다.
따라서 색칠한 부분의 넓이는
$(12+19) \times 12 \div 2 = 186 \, (\text{cm}^2)$입니다.

11 (삼각형 ㅁㄷㄹ의 넓이)=$4 \times 8 \div 2 = 16\,(\text{cm}^2)$
사다리꼴 ㄱㄴㄷㅁ의 넓이는 삼각형 ㅁㄷㄹ의 넓이의 4배이므로 $16 \times 4 = 64\,(\text{cm}^2)$입니다.
선분 ㄴㄷ의 길이를 □ cm라 하면
$(5+□) \times 8 \div 2 = 64$, $(5+□) \times 8 = 128$,
$5+□=16$, □=11입니다.

12 (정사각형의 넓이)=$8 \times 8 = 64\,(\text{cm}^2)$
(겹쳐진 부분의 넓이)=$64 \div 4 = 16\,(\text{cm}^2)$
(마름모의 넓이)=$16 \times 6 = 96\,(\text{cm}^2)$
⇨ (마름모의 다른 대각선)=$96 \times 2 \div 12 = 16\,(\text{cm})$

17 다각형의 넓이

확인문제 64쪽

1 (1) 6, 4, 36 / 3, 12, 78 / 36, 78, 114
(2) 14, 12, 126 / 12, 6, 12 / 126, 12, 114

개념 다지기 65쪽

01 (1) 7, 4, 2, 20　(2) 12, 10, 4, 80
02 110 cm²　**03** 308 cm²
04 144 cm²　**05** 42 cm²

실력 올리기

06 336 cm²

02 $(15 \times 9) - (10 \times 5 \div 2) = 110\,(\text{cm}^2)$

03 (정사각형의 넓이)
　=$24 \times 24 = 576\,(\text{cm}^2)$
(①의 넓이)
　=$(24-8) \times 5 \div 2$
　=$40\,(\text{cm}^2)$
(②의 넓이)=$8 \times 6 \div 2 = 24\,(\text{cm}^2)$
(③의 넓이)=$\{(24-5-16)+14)\} \times 24 \div 2$
　　　　　=$204\,(\text{cm}^2)$
⇨ (색칠한 부분의 넓이)
　　=$576-(40+24+204)=308\,(\text{cm}^2)$

04 큰 마름모의 대각선의 길이는 각각 $6 \times 4 = 24\,(\text{cm})$,
$4 \times 4 = 16\,(\text{cm})$이고, 작은 마름모의 대각선의 길이는 각각 $6 \times 2 = 12\,(\text{cm})$, $4 \times 2 = 8\,(\text{cm})$입니다.

(큰 마름모의 넓이)=$24 \times 16 \div 2 = 192\,(\text{cm}^2)$
(작은 마름모의 넓이)=$12 \times 8 \div 2 = 48\,(\text{cm}^2)$
⇨ (색칠한 부분의 넓이)=$192-48=144\,(\text{cm}^2)$

05 (사다리꼴 ㄱㄴㄷㄹ의 높이)
　=$90 \times 2 \div (6+14) = 9\,(\text{cm})$
(삼각형 ㄹㄴㄷ의 넓이)=$14 \times 9 \div 2 = 63\,(\text{cm}^2)$
(삼각형 ㅁㄴㄷ의 넓이)=$14 \times 3 \div 2 = 21\,(\text{cm}^2)$
⇨ (색칠한 부분의 넓이)=$63-21=42\,(\text{cm}^2)$

06 평행사변형 ㄱㄴㄷㄹ과 평행사변형 ㅁㄴㄷㅂ은 각각 밑변의 길이가 같고 높이가 같으므로 넓이가 같습니다.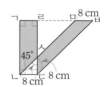
(평행사변형 ㄱㄴㄷㄹ의 넓이)
　=(평행사변형 ㅁㄴㄷㅂ의 넓이)
　=$8 \times 25 = 200\,(\text{cm}^2)$
직각삼각형 ㅅㄴㄷ은 두 각이 각각 45°인 이등변삼각형으로 밑변과 높이가 모두 8 cm로 같습니다.
(삼각형 ㅅㄴㄷ의 넓이)=$8 \times 8 \div 2 = 32\,(\text{cm}^2)$
따라서 색칠한 부분의 넓이는
$(200-32) \times 2 = 336\,(\text{cm}^2)$입니다.

18 원

확인문제 66-67쪽

1 원의 [지름] / [원의 중심] / 원의 [반지름]

2 (예)
(1) 무수히 많이에 ○표　(2) 같습니다에 ○표
(3) 2배에 ○표

3 / **4**

4 원을 이용하여 모양을 그릴 때 컴퍼스의 침을 꽂아야 할 곳은 원의 중심입니다.

정답과 풀이

01 점 ㄷ	**02** 5 cm / 10 cm
03 ㉠, ㉢	**04** ⑤
05 12 cm	**06** ㉡, ㉢, ㉠, ㉣
07 ㉢	**08** 42 cm
09 17 cm	**10** 13군데
11 14 cm	**12** 48 cm

실력 올리기

13 2 cm	**14** 36 cm

02 (원의 반지름)=5 cm
   (원의 지름)=5×2=10(cm)

03 ㉠ 원 위의 두 점을 이은 선분 중 원의 중심을 지나
    는 선분을 지름이라고 합니다.
    ㉢ 원의 지름은 원을 똑같이 둘로 나눕니다.

04 ⑤ 한 원에 지름을 무수히 많이 그을 수 있습니다.

05 컴퍼스를 이용하여 원을 그릴 때, 컴퍼스의 침과 연
    필심 사이의 거리는 원의 반지름과 같습니다.
    지름이 24 cm인 원의 반지름은 24÷2=12(cm)
    이므로 컴퍼스의 침과 연필심 사이의 거리는
    12 cm로 해야 합니다.

06 ㉠ (원의 지름)=8×2=16(cm)
    ㉣ (원의 지름)=11×2=22(cm)
    지름을 비교하면 12 cm<15 cm<16 cm<22 cm
    이므로 크기가 작은 순서대로 기호를 쓰면 ㉡, ㉢,
    ㉠, ㉣입니다.

07 ㉠   원의 중심은 같고 반지름을 다르게 하
    여 그린 모양입니다.

    ㉡   ㉣   원의 중심을 옮겨 가며
    반지름을 다르게 그린
    모양입니다.

    ㉢   원의 중심을 옮겨 가며 반지름은
    같게 그린 모양입니다.

08 (사각형 ㄱㄴㄷㄹ의 둘레)
    =12+9+9+12=42(cm)

09 (작은 원의 지름)=4×2=8(cm)
    (큰 원의 반지름)=18÷2=9(cm)
    ⇨ (선분 ㄱㄷ)=(작은 원의 지름)+(큰 원의 반지름)
             =8+9=17(cm)

10

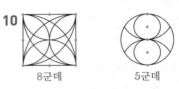

8군데   5군데

    ⇨ 8+5=13(군데)

11 삼각형의 둘레는 21 cm이므로 원의 반지름을
    □ cm라 하면 □×3=21, □=7입니다.
    ⇨ (원의 지름)=7×2=14(cm)

12 (원의 지름)=6×2=12(cm)
    원의 지름과 정사각형의 한 변이 12 cm로 같으므
    로 (정사각형의 둘레)=12×4=48(cm)입니다.

13

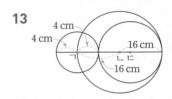

    중심이 점 ㄱ인 원의 반지름이 4 cm이고 중심이 점
    ㄴ인 원의 지름은 16×2=32(cm)이므로 중심이
    점 ㄷ인 원의 지름은 32-4=28(cm)입니다.
    중심이 점 ㄷ인 원의 반지름이 28÷2=14(cm)
    이므로 (선분 ㄴㄷ)=16-14=2(cm)입니다.

14 큰 원의 지름은 직사각형의 세로와 같으므로
    16 cm이고 작은 원의 지름은
    (48-16-16)÷2=8(cm)입니다.
    따라서 작은 원의 반지름은 8÷2=4(cm),
    큰 원의 반지름은 16÷2=8(cm)이므로
    (선분 ㄱㄹ의 길이)=48-(4+8)=36(cm)입니
    다.

19 원주와 원주율

1 (1) ○ (2) × (3) ○   **2** 14 / 12

3 (1) 24.8 cm   (2) 49.6 cm

1 (2) 원의 크기와 관계없이 원주율은 일정합니다.

2 (지름)＝(원주)÷(원주율)
· (지름)＝42÷3＝14 (cm)
· (지름)＝37.2÷3.1＝12 (cm)

3 (원주)＝(지름)×(원주율)
　　　＝(반지름)×2×(원주율)
(1) (원주)＝8×3.1＝24.8 (cm)
(2) (원주)＝8×2×3.1＝49.6 (cm)

| 개념 다지기 | 71쪽 |

01 3.1 / 3.1 / 일정　　**02** ㉡, ㉢, ㉠
03 31 cm　　　　　　**04** 6바퀴
05 37 cm

실력 올리기

06 140　　　　　　　**07** 46 cm

01 (원주율)＝(원주)÷(지름)
접시: (원주율)＝49.6÷16＝3.1
피자: (원주율)＝74.4÷24＝3.1

02 ㉠ (지름)＝54÷3＝18 (cm)
　　(반지름)＝18÷2＝9 (cm)
　㉡ (반지름)＝12÷2＝6 (cm)
　㉢ (지름)＝51÷3＝17 (cm)
　　(반지름)＝17÷2＝8.5 (cm)
따라서 반지름이 짧은 순서대로 기호를 쓰면 ㉡, ㉢, ㉠입니다.

03 (큰 원의 지름)＝(5＋4)×2＝18 (cm)
(큰 원의 원주)＝18×3.1＝55.8 (cm)
(작은 원의 지름)＝4×2＝8 (cm)
(작은 원의 원주)＝8×3.1＝24.8 (cm)
⇨ (두 원의 원주의 차)＝55.8－24.8＝31 (cm)

04 (굴렁쇠의 원주)＝25×2×3.1＝155 (cm)
9.3 m＝930 cm이므로
(굴렁쇠가 굴러간 바퀴 수)＝930÷155＝6(바퀴)입니다.

05 (색칠한 부분의 둘레)
　＝(지름이 10 cm인 원의 원주의 반)
　　＋(지름이 4 cm인 원의 원주)＋10
　＝10×3÷2＋4×3＋10＝37 (cm)

06 (운동장의 둘레)
　＝(지름이 80 m인 원의 원주의 반)×2＋□×2
　⇨ (80×3.14÷2)×2＋□×2＝531.2,
　　251.2＋□×2＝531.2, □×2＝280,
　　□＝140

07 ㉠: 반지름이 2 cm인 원의 $\frac{1}{4}$
　　㉡: 반지름이 4 cm인 원의 $\frac{1}{4}$
　　㉢: 반지름이 6 cm인 원의 $\frac{1}{4}$
　　㉣: 반지름이 8 cm인 원의 $\frac{1}{4}$

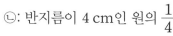
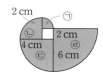

(바깥쪽 둘레의 합)
　＝(2×2×3÷4)＋(4×2×3÷4)
　　＋(6×2×3÷4)＋(8×2×3÷4)＋8
　＝38 (cm)
(안쪽 둘레)＝2×4＝8 (cm)
⇨ (색칠한 부분의 둘레)＝38＋8＝46 (cm)

20 원의 넓이

| 확인문제 | 72쪽 |

1 18, 36
2 (위에서부터) 18.6, 6 / 111.6 cm²

1 (원 안의 정사각형의 넓이)＝6×6÷2＝18 (cm²)
(원 밖의 정사각형 정사각형의 넓이)
＝6×6＝36 (cm²)
따라서 원의 넓이는 원 안의 정사각형의 넓이
18 cm²보다 크고 원 밖의 정사각형의 넓이 36 cm²
보다 작습니다.

2 (가로)＝(원주)×$\frac{1}{2}$＝6×2×3.1×$\frac{1}{2}$＝18.6 (cm)
(세로)＝(반지름)＝6 cm
⇨ (원의 넓이)＝18.6×6＝111.6 (cm²)

정답과 풀이

개념 다지기   **73쪽**

01 (1) 48 cm²   (2) 243 cm²
02 ⓒ, ⊙, ⓔ   **03** 972 cm²
04 37.2 m
05 (1) 338 cm²   (2) 32 cm²
06 107.5 cm²

실력 올리기

07 6277.5 m²   **08** 21 cm

---

01 (1) (원의 넓이)$=4\times4\times3=48\,(\text{cm}^2)$
    (2) (반지름)$=18\div2=9\,(\text{cm})$
       (원의 넓이)$=9\times9\times3=243\,(\text{cm}^2)$

02 ⊙ (원의 넓이)$=16\times16\times3.1=793.6\,(\text{cm}^2)$
    ⓔ (반지름)$=30\div2=15\,(\text{cm})$
       (원의 넓이)$=15\times15\times3.1=697.5\,(\text{cm}^2)$
따라서 $895.9\,\text{cm}^2 > 793.6\,\text{cm}^2 > 697.5\,\text{cm}^2$이므로 넓이가 넓은 순서대로 기호를 쓰면 ⓒ, ⊙, ⓔ입니다.

03 정사각형 안에 그릴 수 있는 가장 큰 원의 지름은 36 cm이므로 (반지름)$=36\div2=18\,(\text{cm})$입니다.
  ⇨ (원의 넓이)$=18\times18\times3=972\,(\text{cm}^2)$

04 꽃밭의 반지름을 ☐m라 하면
    ☐$\times$☐$\times3.1=111.6$, ☐$\times$☐$=36$, ☐$=6$입니다.
  ⇨ (꽃밭의 둘레)$=6\times2\times3.1=37.2\,(\text{m})$

05 (1) (색칠한 부분의 넓이)
        $=$(원의 넓이)$-$(삼각형의 넓이)
        $=13\times13\times3-26\times13\div2$
        $=338\,(\text{cm}^2)$
    (2) 반원 부분을 옮겨 직사각형의 넓이를 구합니다.
       ⇨ $8\times4=32\,(\text{cm}^2)$

06 (도형 가의 색칠한 부분의 넓이)
    $=$(정사각형의 넓이)
       $-$(반지름이 15 cm인 원의 넓이)
    $=30\times30-15\times15\times3.1=202.5\,(\text{cm}^2)$
    (도형 나의 색칠한 부분의 넓이)
    $=$(반지름이 10 cm인 원의 넓이)
    $=10\times10\times3.1=310\,(\text{cm}^2)$
  ⇨ $310-202.5=107.5\,(\text{cm}^2)$

07 심은 꽃이 모두 30송이이므로 꽃과 꽃 사이 간격의 수도 30군데입니다.
(호수의 둘레)$=9.3\times30=279\,(\text{m})$
호수의 반지름을 ☐m라 하면
☐$\times2\times3.1=279$, ☐$\times6.2=279$
☐$=45$입니다.
⇨ (호수의 넓이)$=45\times45\times3.1=6277.5\,(\text{m}^2)$

08 겹쳐진 부분의 넓이는 공통이고 가와 나의 넓이가 같으므로 삼각형 ㄱㄴㄷ의 넓이와 반원의 넓이는 같습니다.
(반원의 넓이)$=14\times14\times3\div2=294\,(\text{cm}^2)$
변 ㄴㄷ의 길이를 ☐cm라 하면
☐$\times28\div2=294$, ☐$\times28=588$, ☐$=21$입니다.

실력 확인 문제   **74-76쪽**

01 4 cm	**02** 가, 다	**03** 6 cm
04 800 cm	**05** 정구각형	**06** 48 cm
07 9 cm²	**08** 12	**09** 9군데
10 정십각형	**11** 9 cm	**12** 62 cm²
13 178 cm	**14** 14개	**15** 116 cm²
16 56 cm²	**17** 793.6 cm²	**18** 20개
19 132°	**20** 48 cm²	

01 (정육각형의 둘레)$=6\times6=36\,(\text{cm})$
오른쪽 도형은 정구각형이므로 한 변의 길이는 $36\div9=4\,(\text{cm})$입니다.

02 두 대각선이 서로 수직으로 만나는 사각형은 정사각형, 마름모이므로 가, 다입니다.

03 (평행사변형의 둘레)$=(12+5)\times2=34\,(\text{cm})$
(마름모의 둘레)$=7\times4=28\,(\text{cm})$
따라서 평행사변형의 둘레는 마름모의 둘레보다 $34-28=6\,(\text{cm})$ 더 깁니다.

04 $56 \ m^2 = 560000 \ cm^2$

꽃밭의 세로를 $\square$ cm라고 하면

$700 \times \square = 560000$, $\square = 560000 \div 700 = 800$입니다.

05 ■각형에서 한 꼭짓점에서 그을 수 있는 대각선 수는 (■-3)개이므로 ■$-3=6$, ■$=9$입니다.

따라서 변의 길이가 모두 같고 각의 크기가 모두 같으므로 정구각형입니다.

06 원의 반지름은 8 cm이므로

(원주)$= 8 \times 2 \times 3 = 48$(cm)입니다.

07 (선분 ㅇㅅ)$=$(선분 ㅈㅂ)$=8-5=3$(cm)

(사각형 ㅈㄹㅁㅂ의 넓이)$=3 \times 3 = 9$(cm^2)

08 (평행사변형의 넓이)$=9 \times 6 = 54$(cm^2)

$\square \times 9 \div 2 = 54$, $\square \times 9 = 108$, $\square = 108 \div 9 = 12$입니다.

09

4군데　　5군데

$\Rightarrow 4+5=9$(군데)

10 (정육각형을 만드는 데 사용한 철사의 길이)

$=18 \times 6 = 108$(cm)

(한 변이 14 cm인 정다각형을 만드는 데 사용한 철사의 길이)$=248-108=140$(cm)

한 변이 14 cm인 정다각형의 변의 수는

$140 \div 14 = 10$(개)이므로 만든 정다각형은 정십각형입니다.

11 큰 원의 반지름이 12 cm이므로

(선분 ㄱㄹ)$=12-6=6$(cm)입니다.

삼각형 ㄷㄱㄴ의 둘레가 36 cm이므로 작은 원의 반지름을 $\square$ cm라 하면 $12+6+\square+\square=36$, $\square+\square=18$, $\square=9$입니다.

12 (큰 원의 반지름)$=10-4=6$(cm)

(두 원의 넓이의 차)

$=6 \times 6 \times 3.1 - 4 \times 4 \times 3.1 = 62$(cm^2)

13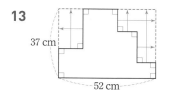

도형의 둘레는 가로가 52 cm, 세로가 37 cm인 직사각형의 둘레와 같습니다.

$\Rightarrow (52+37) \times 2 = 178$(cm)

14 (정다각형의 변의 수)$=28 \div 4 = 7$(개)이므로 정칠각형입니다.

$\Rightarrow$ (정칠각형의 대각선의 수)

$=(7-3) \times 7 \div 2 = 14$(개)

15 (색칠한 부분의 넓이)

$=$(직사각형의 넓이)$-$(사다리꼴의 넓이)

$=16 \times 9 - (5+9) \times 4 \div 2 = 116$(cm^2)

16 종이를 접었으므로 접힌 부분인 삼각형의 높이를 4 cm라 하면 밑변은 8 cm입니다.

(색칠한 부분의 넓이)

$=$(직사각형의 넓이)$-$(접힌 삼각형의 넓이)$\times 2$

$=(3+8) \times 8 - 8 \times 4 \div 2 \times 2$

$=56$(cm^2)

17 (만든 원의 반지름)$=99.2 \div 3.1 \div 2 = 16$(cm)

(만든 원의 넓이)$=16 \times 16 \times 3.1 = 793.6$(cm^2)

18 원의 반지름을 $\square$ cm라 하면 $\square \times \square \times 3.1 = 2790$, $\square \times \square = 900$, $\square = 30$입니다.

(원주)$=30 \times 2 \times 3.1 = 186$(cm)

(찍을 수 있는 점의 수)

$=186 \div 9.3 = 20$(개)

19 정삼각형은 한 각의 크기가 $60°$이고, 정오각형은 한 각의 크기가 $108°$이므로

(각 ㄱㅅㅂ)$=360° - (60°+60°+108°) = 132°$입니다.

삼각형 ㄱㅅㅂ은 (변 ㄱㅅ)$=$(변 ㅂㅅ)인 이등변삼각형이므로 (각 ㄱㅂㅅ)$=(180°-132°) \div 2 = 24°$,

(각 ㄱㅂㅁ)$=24°+108° = 132°$입니다.

20 (중간 반원의 반지름)=12÷2=6(cm)

가장 작은 반원의 지름을 □cm라 하면

가장 큰 원의 지름은 (□×2×2)cm이므로

□×2×2-□=12, □×3=12, □=4입니다.

(가장 큰 원의 반지름)=4×2=8(cm)

(색칠한 부분의 넓이)

=(8×8×3)÷2-(6×6×3)÷2

　+(2×2×3)÷2

=48(cm²)

합동과 대칭

21 평면도형의 이동(1)

확인문제　　　　　　　　78-79쪽

1 (　) (○)

2
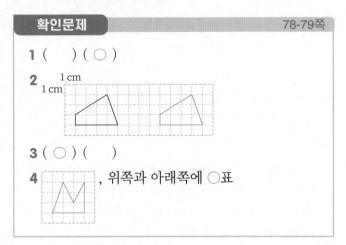

3 (○) (　)

4 , 위쪽과 아래쪽에 ○표

1 모양 조각을 어느 방향으로 밀어도 모양과 크기는 변하지 않습니다.

2 기준 변이나 꼭짓점을 정하여 오른쪽으로 8 cm만큼 민 도형을 그립니다.

3 모양 조각을 오른쪽으로 뒤집으면 모양의 오른쪽과 왼쪽이 서로 바뀝니다.

4 도형을 아래쪽으로 뒤집으면 도형의 위쪽과 아래쪽이 서로 바뀝니다.

01
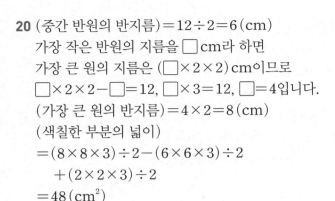

02

03 위쪽(또는 아래쪽)

04
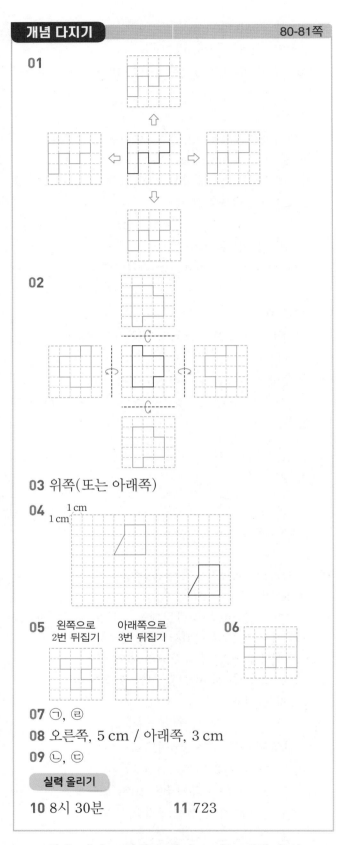

05 왼쪽으로 2번 뒤집기　아래쪽으로 3번 뒤집기　**06**

07 ㉠, ㉣

08 오른쪽, 5 cm / 아래쪽, 3 cm

09 ㉡, ㉢

실력 올리기

10 8시 30분　　　　**11** 723

01 도형을 밀면 도형의 모양과 크기는 변하지 않고 도형의 위치만 바뀝니다.

02 도형을 위쪽이나 아래쪽으로 뒤집으면 도형의 위쪽 과 아래쪽이 서로 바뀌고, 도형을 왼쪽이나 오른쪽 으로 뒤집으면 도형의 왼쪽과 오른쪽이 서로 바뀝 니다.

03 도형의 위쪽과 아래쪽이 서로 바뀌었으므로 위쪽 (또는 아래쪽)으로 뒤집기를 했습니다.

04 기준 변이나 꼭짓점을 정하여 위쪽으로 4 cm 밀고 왼쪽으로 7 cm 민 도형을 그립니다.

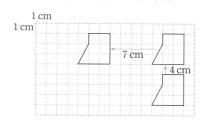

05 도형을 같은 방향으로 짝수 번 뒤집으면 처음 도형과 같고, 도형을 같은 방향으로 홀수 번 뒤집으면 1번 뒤집은 도형과 같습니다.

06 도형을 어느 방향으로 밀어도 항상 처음 도형과 같 으므로 위쪽으로 밀기 전의 도형은 도형 가와 같습 니다.
따라서 도형 가를 위쪽으로 뒤집으면 도형의 위쪽과 아래쪽이 서로 바뀝니다.

07 글자를 같은 방향으로 짝수 번 뒤집은 모양은 처음 모양과 같습니다.

09 어느 방향으로 뒤집어도 처음 도형과 같은 것은 위 쪽과 아래쪽, 왼쪽과 오른쪽의 모양이 같은 도형입 니다.
따라서 어느 방향으로 뒤집어도 처음 도형과 같은 것은 ㉡, ㉢입니다.

10 거울에 비친 시계의 모양은 시계를 왼쪽 또는 오른 쪽으로 뒤집은 모양과 같습니다.
따라서 시계가 나타내는 시각은 8시30분입니다.

11 8>5>1이므로 만들 수 있는 가장 큰 세 자리 수는 851입니다.

⇨ (두 수의 차)=851−128=723

22 평면도형의 이동(2)

82-83쪽

확인문제

1 (   ) (   ) (○) (   )
2 (1)

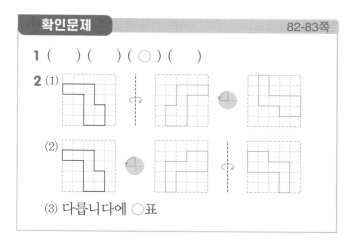

(2)

(3) 다릅니다에 ○표

1 모양 조각을 시계 방향으로 90°만큼 돌리면 위쪽 부 분이 오른쪽으로 이동합니다.

2 (3) 주어진 도형을 뒤집고 돌린 도형과 돌리고 뒤집은 도형은 방향이 서로 다릅니다.

개념 다지기 84-85쪽

01

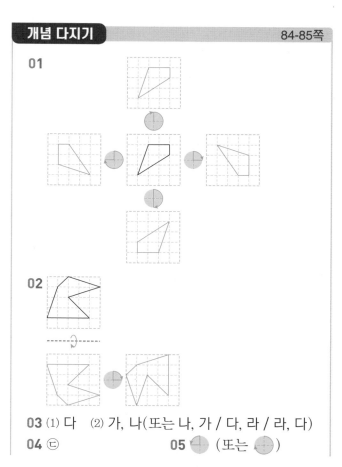

02

03 (1) 다   (2) 가, 나(또는 나, 가 / 다, 라 / 라, 다)
04 ㉢   **05** ⊕ (또는 ⊕)

정답과 풀이

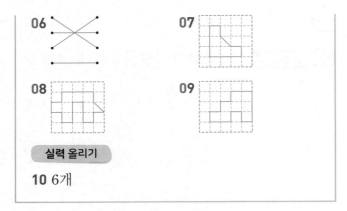

실력 올리기

10 6개

02 도형을 아래쪽으로 뒤집으면 도형의 위쪽과 아래쪽이 서로 바뀌고, 도형을 시계 방향으로 90° 만큼 돌리면 위쪽 부분이 오른쪽으로 이동합니다.

03 ⑴ 도형을 시계 반대 방향으로 90° 만큼 돌리면 위쪽 부분이 왼쪽으로 이동합니다.
⑵ ㉮ 도형을 시계 반대 방향으로 180°만큼 돌리면 ㉯ 도형이 되고, ㉰ 도형을 시계 반대 방향으로 180°만큼 돌리면 ㉱ 도형이 됩니다.

04 ㉢은 왼쪽(또는 오른쪽)으로 뒤집었을 때의 도형입니다.

05 도형의 위쪽 부분이 왼쪽으로, 오른쪽 부분이 위쪽으로 이동했으므로 시계 반대 방향으로 90° 또는 시계 방향으로 270° 돌린 것입니다.

06 화살표 끝이 가리키는 위치가 같으면 돌린 도형의 모양도 같습니다.

07 도형을 아래쪽으로 2번 뒤집으면 처음 도형과 같아지고, 이 도형을 시계 방향으로 90°만큼 4번 돌리면 시계 방향으로 360° 돌리기 한 것과 같으므로 처음 도형과 같아집니다.

08 ㉠ **보기**는 도형을 시계 방향으로 180° 돌린 후 오른쪽으로 뒤집은 것입니다.

09 거꾸로 생각하여 주어진 도형을 🕐와 같이 돌린 후 왼쪽으로 뒤집으면 처음 도형이 됩니다.

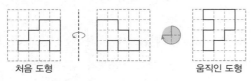

10 왼쪽으로으로 뒤집기

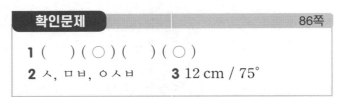

시계 반대 방향으로 180° 돌리기

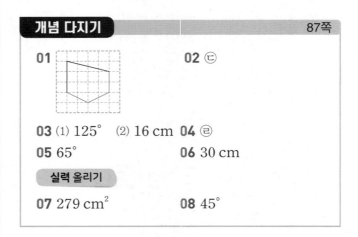

따라서 C, E, H, I, O, X로 모두 6개입니다.

23 도형의 합동

확인문제 86쪽

1 ( ) (○) ( ) (○)
2 ㅅ, ㅁㅂ, ㅇㅅㅂ　　**3** 12 cm / 75°

3 • (변 ㅁㅂ)=(변 ㄱㄴ)=12 cm
• (각 ㄴㄷㄹ)=(각 ㅂㅅㅇ)=75°

개념 다지기 87쪽

01 **02** ㉢
03 ⑴ 125° ⑵ 16 cm **04** ㉣
05 65° **06** 30 cm

실력 올리기

07 279 cm² **08** 45°

01 왼쪽 도형과 포개었을 때 완전히 겹치도록 오른쪽 도형을 완성합니다.

26 초등 도형 21일 총정리

02 ⓒ 세 각의 크기는 각각 같지만 합동이 아닌 삼각형 도 있습니다.

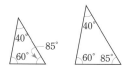

03 ⑴ 합동인 도형은 각각의 대응각의 크기가 서로 같 으므로 (각 ㅁㅇㅅ)=(각 ㄴㄱㄹ)=125°입니다.

⑵ 합동인 도형은 각각의 대응변의 길이가 서로 같 으므로 (변 ㅂㅅ)=(변 ㄷㄹ)=20 cm, (변 ㅅㅇ)=(변 ㄹㄱ)=12 cm입니다.

⇨ (변 ㅁㅂ)=63−(15+20+12)=16 (cm)

04

대각선으로 한 번 잘랐을 때 잘린 두 도형이 합동이 아닌 것은 ⓔ입니다.

05 각 ㄹㅂㅁ의 대응각은 각 ㄴㄷㄱ이므로 (각 ㄹㅂㅁ)=(각 ㄴㄷㄱ)=50°이고, 이등변삼각형은 두 각의 크기가 같으므로 (각 ㅂㄹㅁ)=(각 ㅂㅁㄹ)=(180°−50°)÷2=65° 입니다.

06 변 ㅁㅂ의 대응변은 변 ㄴㄷ이므로 (변 ㅁㅂ)=(변 ㄴㄷ)=9 cm이고 사각형 ㅁㅂㅅㅇ의 넓이가 54 cm²이므로 (변 ㅂㅅ)=54÷9=6 (cm)입니다.

⇨ (사각형 ㅁㅂㅅㅇ의 둘레) =(6+9)×2=30 (cm)

07 변 ㄱㄷ의 대응변은 변 ㄴㄱ이므로 (변 ㄱㄷ)=(변 ㄴㄱ)=18 cm입니다. (삼각형 ㄷㄱㄹ의 넓이)=13×18÷2=117 (cm²) (삼각형 ㄱㄴㄷ의 넓이)=18×18÷2=162 (cm²) (사각형 ㄱㄴㄷㄹ의 넓이)=117+162=279 (cm²)

08

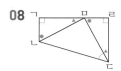

삼각형 ㄱㄴㅁ과 삼각형 ㄹㅁㄷ은 서로 합동이므로 삼각형 ㅁㄴㄷ은 (변 ㄴㅁ)=(변 ㅁㄷ)인 이등변삼 각형이고, ●+▲=90°에서 (각 ㄴㅁㄷ)=180°−(●+▲)=90°입니다. 따라서 (각 ㅁㄷㄴ)=(180°−90°)÷2=45°입니다.

24 선대칭도형과 그 성질

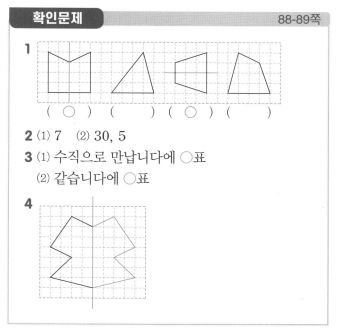

1 (○) ( ) (○) ( )

2 ⑴ 7 ⑵ 30, 5

3 ⑴ 수직으로 만납니다에 ○표
⑵ 같습니다에 ○표

4

4 대칭축을 따라 접었을 때 완전히 포개어지도록 그립 니다.

01 ㉠, ㉢

02 (앞에서부터) ⑴ 6, 50 ⑵ 45, 3

03 3개　　　　　　**04** ⓔ

05 7 cm / 60°　　　**06** 56 cm

07

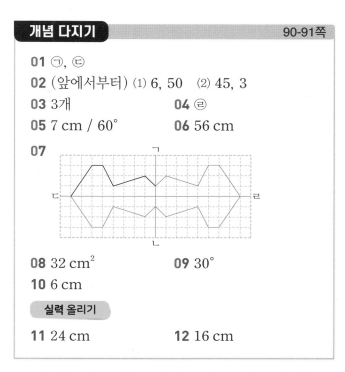

08 32 cm²　　　　**09** 30°

10 6 cm

11 24 cm　　　　**12** 16 cm

01 접었을 때 도형이 완전히 겹치도록 하는 직선을 찾 습니다.

02 선대칭도형에서 각각의 대응변의 길이와 대응각의 크기는 같습니다.

03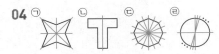

⇨ 3개

04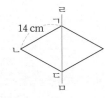

원의 대칭축은 무수히 많습니다.
따라서 대칭축의 수가 가장 많은 선대칭도형은 ㉣ 입니다.

05 대칭축은 대응점끼리 이은 선분을 둘로 똑같이 나누므로 (선분 ㄷㅅ)=14÷2=7(cm)입니다.
선대칭도형에서 각각의 대응각의 크기는 같으므로
(각 ㄱㄴㄷ)=(각 ㄱㅂㅁ)=120°,
(각 ㄴㄷㄹ)=(각 ㅂㅁㄹ)=45°입니다.
⇨ (각 ㄴㄱㄹ)=360°-(120°+45°+135°)=60°

06 삼각형 ㄱㄴㄷ은 정삼각형이므로
(변 ㄱㄴ)=(변 ㄴㄷ)=14 cm입니다.

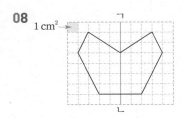

완성할 선대칭도형은 마름모이므로 둘레는
14×4=56(cm)입니다.

07 직선 ㄱㄴ을 대칭축으로 하여 대칭축을 중심으로 각 점의 대응점을 찾아 모두 표시한 후 차례로 잇고, 직선 ㄷㄹ을 대칭축으로 하여 대칭축을 중심으로 각 점의 대응점을 찾아 표시한 후 차례로 잇습니다.

08

선대칭도형을 완성했을 때 도형 전체의 넓이는 모눈 32칸과 같으므로 넓이는 32 cm²입니다.

09 선대칭도형에서 각각의 대응각의 크기는 같으므로
(각 ㄹㄱㄷ)=(각 ㄹㄱㄴ)=75°입니다.
삼각형의 세 각의 크기의 합은 180°이므로
(각 ㄱㄷㄴ)=180°-(75°+75°)=30°입니다.

10 선대칭도형에서 각각의 대응변의 길이는 같으므로
(변 ㄱㄴ)=(변 ㄱㄷ)=8 cm입니다.
따라서 (변 ㄴㄷ)=28-(8+8)=12(cm)이고
대칭축은 대응점끼리 이은 선분을 둘로 똑같이 나누므로 (선분 ㄹㄷ)=12÷2=6(cm)입니다.

11 (사각형 ㄱㄴㄷㄹ의 넓이)
=(삼각형 ㄱㄴㄹ의 넓이)+(삼각형 ㄴㄷㄹ의 넓이)
사각형 ㄱㄴㄷㄹ은 선대칭도형이므로
(삼각형 ㄱㄴㄹ의 넓이)=(삼각형 ㄴㄷㄹ의 넓이)
=180÷2=90 (cm²)
삼각형 ㄱㄴㄹ에서 선분 ㄱㅁ의 길이를 ☐ cm라 하면 15×☐÷2=90, 15×☐=180, ☐=12입니다.
대칭축은 대응점끼리 이은 선분을 똑같이 나누므로
(선분 ㄱㄷ)=12×2=24(cm)입니다.

12 • 대칭축이 변 ㄱㄴ일 때

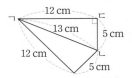

⇨ (둘레)=12×2+5×2=34(cm)
• 대칭축이 변 ㄷㄴ일 때

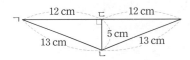

⇨ (둘레)=13×2+12×2=50(cm)
• 대칭축이 변 ㄱㄷ일 때

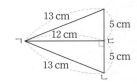

⇨ (둘레)=13×2+5×2=36(cm)
따라서 둘레가 가장 길 때와 짧을 때의 차는
50-34=16(cm)입니다.

25 점대칭도형과 그 성질

1 ㉡, 점대칭도형   **2** (1) 3   (2) 90, 5

3 (1) ㄹㅇ   (2) ㄷㅇ   **4**

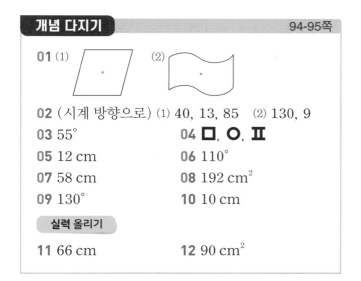

4 각 점에서 대칭의 중심을 지나는 직선을 긋고 각 점에서 대칭의 중심까지의 길이가 같도록 대응점을 찾아 표시한 다음 각 대응점을 이어 점대칭도형을 완성합니다.

01 (1)   (2)

02 (시계 방향으로) (1) 40, 13, 85   (2) 130, 9

03 55°   **04** ㅁ, ㅇ, ㅍ

05 12 cm   **06** 110°

07 58 cm   **08** 192 cm²

09 130°   **10** 10 cm

실력 올리기

11 66 cm   **12** 90 cm²

01 점대칭도형을 180° 돌렸을 때 처음 도형과 완전히 겹치게 하는 점을 찾습니다.

02 점대칭도형에서 각각의 대응변의 길이와 각각의 대응각의 크기는 서로 같습니다.

03 삼각형 ㄱㄴㄷ에서
(각 ㄱㄴㄷ)=180°−(55°+70°)=55°이고,
점대칭도형에서 각각의 대응각의 크기는 같으므로
(각 ㄷㄹㄱ)=(각 ㄱㄴㄷ)=55°입니다.

04 ㄱ ㄹ ㅁ ✳ ㅇ ㅋ ㅍ

주어진 글자 중 선대칭도형은 ㄱ, ㅁ, ㅇ, ㅍ이고,
점대칭도형은 ㄹ, ㅁ, ㅇ, ㅍ 입니다. 따라서 선대칭도형이면서 점대칭도형인 글자는 ㅁ, ㅇ, ㅍ입니다.

05 대칭의 중심은 대응점끼리 이은 선분을 둘로 똑같이 나누므로 (선분 ㄱㄷ)=6×2=12 (cm)입니다.
(선분 ㄴㄹ)=36−12=24 (cm)
(선분 ㄴㅇ)=24÷2=12 (cm)

06 점대칭도형에서 각각의 대응각의 크기는 같으므로
(각 ㄷㄹㅇ)=(각 ㄱㄴㅇ)=35°입니다.
변 ㅇㄷ, 변 ㅇㄹ은 원의 반지름이므로
삼각형 ㄹㅇㄷ은 이등변삼각형입니다.
⇨ (각 ㄹㄷㅇ)=(각 ㄷㄹㅇ)=35°
(각 ㄷㅇㄹ)=180°−(35°+35°)=110°

07 점대칭도형에서 각각의 대응변의 길이는 같으므로
(변 ㄱㄴ)=(변 ㄹㅁ)=13 cm입니다.
(선분 ㅂㅇ)=(선분 ㄷㅇ)=4 cm이므로
(변 ㅁㅂ)=17−4−4=9 (cm),
(변 ㄴㄷ)=(변 ㅁㅂ)=9 cm입니다.
따라서 점대칭도형의 둘레는
13+9+7+13+9+7=58 (cm)입니다.

08 (변 ㄹㄷ)=6×2=12 (cm)이므로 점대칭도형을 완성하면 밑변이
12+4=16 (cm), 높이가
12 cm인 평행사변형 됩니다.

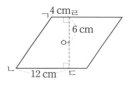

⇨ (완성한 점대칭도형의 넓이)
=16×12=192 (cm²)

다른 풀이

(변 ㄹㄷ)=6×2=12 (cm),
(주어진 도형의 넓이)=(12+4)×12÷2
=96 (cm²)
완성한 점대칭도형의 넓이는 주어진 도형의 넓이의 2배이므로 96×2=192 (cm²)입니다.

09

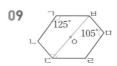

도형을 선분 ㄷㅂ으로 나누면 두 개의 사각형이 되므로 도형의 모든 각의 크기의 합은

360°＋360°＝720°입니다.

점대칭도형은 각각의 대응각의 크기가 같으므로

(각 ㄱㄴㄷ)＝(각 ㄹㅁㅂ)＝105°,

(각 ㄷㄹㅁ)＝(각 ㅂㄱㄴ)＝125°입니다.

⇨ (각 ㄴㄷㄹ)＋(각 ㅁㅂㄱ)

＝720°－(105°＋105°＋125°＋125°)＝260°

(각 ㄴㄷㄹ)＝(각 ㅁㅂㄱ)이므로

(각 ㄴㄷㄹ)＝260°÷2＝130°입니다.

10 도형은 선대칭도형이면서 점대칭도형이므로 각각
의 대응변의 길이가 같습니다.

(변 ㄱㅊ)＝(변 ㄴㄷ)＝(변 ㅂㅁ)＝(변 ㅅㅇ)

＝10 cm,

(변 ㄷㄹ)＝(변 ㅁㄹ)＝(변 ㅇㅈ)＝(변 ㅊㅈ)＝7 cm,

(변 ㄱㄴ)＝(변 ㅂㅅ)입니다.

변 ㄱㄴ의 길이를 □ cm라 하면 도형의 둘레는

□＋□＋(10×4)＋(7×4)＝88,

□＋□＝20, □＝10입니다.

11

13 cm, 7 cm, 9 cm, 5 cm, 9 cm, 5 cm, 7 cm, 13 cm, (9－5) cm

(완성한 점대칭도형의 둘레)

＝(7＋13＋9＋4)×2＝66 (cm)

12 대칭의 중심은 대응점끼리 이은 선분을 둘로 똑같
이 나누므로

(변 ㄹㅂ)＝(변 ㄴㅁ)＝(선분 ㅁㅇ)＝(선분 ㅂㅇ)

입니다.

선분 ㅁㄹ의 길이는 선분 ㄴㄹ의 길이의 $\frac{3}{4}$이므로

삼각형 ㄱㅁㄹ의 넓이는 삼각형 ㄱㄴㄹ의 넓이의

$\frac{3}{4}$입니다.

⇨ (색칠한 부분의 넓이)＝(24×10÷2)×$\frac{3}{4}$

＝90 (cm²)

실력 확인 문제   **96-98쪽**

01 ㅁ

02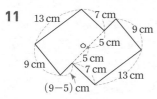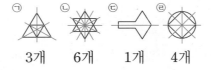

03 ㄹ   **04** ㄴ, ㄹ, ㄱ, ㄷ **05** ㄱ, ㄹ

06 2 cm   **07** ㄴ, ㄷ, ㅂ   **08** 300

09 92°   **10** 108 cm²   **11** 가, 나, 라, 마

12 35°   **13** 6쌍   **14** 48 cm²

15 84 cm²   **16** 44 cm   **17** 96 cm²

18 64 cm   **19** 150 cm²   **20** 80 cm²

01 ㅁ 합동인 도형에서 대응각의 크기는 서로 같지만
대응각의 크기가 모두 같은 두 삼각형이 합동이
라고는 할 수 없습니다.

04 대칭축의 개수를 알아보면 다음과 같습니다.

ㄱ 3개   ㄴ 6개   ㄷ 1개   ㄹ 4개

06 선대칭도형에서 대응변의 길이는 각각 같습니다.

(변 ㄱㄴ)＝(변 ㄱㅂ)＝5 cm

(변 ㄴㄷ)＝(변 ㅂㅁ)＝3 cm

따라서 (변 ㄷㅁ)＝20－(5＋5＋3＋3)＝4 (cm)

이므로 (변 ㄷㄹ)＝4÷2＝2 (cm)입니다.

07 ・선대칭도형: ㄱ, ㄴ, ㄷ, ㅁ, ㅂ

・점대칭도형: ㄴ, ㄷ, ㄹ, ㅂ

선대칭도형이면서 점대칭도형인 것은 ㄴ, ㄷ, ㅂ입
니다.

08 수 카드를 아래쪽으로 뒤집으면 다음과 같습니다.

583

⇨ 583－283＝300

09 삼각형 ㄱㄹㅁ은 정삼각형이므로
(각 ㄱㄹㅁ)=60°입니다.
(각 ㄴㄱㄷ)=(각 ㅁㄱㄹ)에서
(각 ㄴㄱㄷ)=(각 ㄴㄱㅂ)+(각 ㅂㄱㅇ),
(각 ㅁㄱㄹ)=(각 ㅁㄱㅇ)+(각 ㅂㄱㅇ)이므로
(각 ㄴㄱㅂ)=(각 ㅁㄱㅇ)=28°입니다.
⇨ (각 ㄱㅇㅁ)=180°−(60°+28°)=92°

10 사각형 ㅁㅂㅅㅇ의 둘레가 42 cm이므로
변 ㅁㅂ의 길이를 □ cm라고 하면
(12+□)×2=42, 12+□=21, □=9입니다.
(변 ㄴㄷ)=(변 ㅂㅅ)=12 cm,
(변 ㄱㄴ)=(변 ㅁㅂ)=9 cm이므로
(사각형 ㄱㄴㄷㄹ의 넓이)=12×9=108 (cm²)입니다.

11

한 대각선을 따라 잘랐을 때 서로 합동인 삼각형이 만들어지는 것은 가, 나, 라, 마입니다.

12 (각 ㄴㄱㄹ)=(각 ㄷㄱㄹ)=60°÷2=30°
(각 ㄱㄹㄴ)=(각 ㄱㄹㄷ)=(360°−130°)÷2
=115°
따라서 삼각형 ㄱㄴㄹ에서
(각 ㄱㄴㄹ)=180°−(30°+115°)=35°입니다.

13 합동인 삼각형은
삼각형 ㄱㅁㅅ과 삼각형 ㄷㅂㅅ,
삼각형 ㄴㅅㅁ과 삼각형 ㄹㅅㅂ,
삼각형 ㄱㅅㄹ과 삼각형 ㄷㅅㄴ,
삼각형 ㄱㄴㅅ과 삼각형 ㄷㄹㅅ,
삼각형 ㄱㄴㄷ과 삼각형 ㄷㄹㄱ,
삼각형 ㄱㄴㄹ과 삼각형 ㄷㄹㄴ이므로 모두 6쌍입니다.

14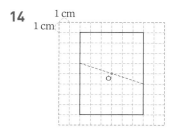

(완성한 점대칭도형의 넓이)=6×8=48 (cm²)

15 대칭축은 대응점을 이은 선분을 둘로 똑같이 나누므로
(선분 ㄴㅁ)=(선분 ㄹㅁ)=12÷2=6 (cm)입니다.
따라서 사각형 ㄱㄴㄷㄹ의 넓이는 삼각형 ㄱㄴㄷ의 넓이의 2배이므로 (14×6÷2)×2=84 (cm²)입니다.

16 점대칭도형을 완성하면 다음 그림과 같습니다.

따라서 완성한 점대칭도형의 둘레는
(10+5+7)×2=44 (cm)입니다.

17 변 ㄱㄷ의 대응변은 변 ㅁㄷ이므로
(변 ㄱㄷ)=(변 ㅁㄷ)=16 cm
변 ㄴㄷ의 대응변은 변 ㄹㄷ이므로
(변 ㄴㄷ)=(변 ㄹㄷ)=(변 ㄱㄷ)−(변 ㄱㄹ)
=16−4=12 (cm)
⇨ (삼각형 ㄱㄴㄷ의 넓이)
=12×16÷2=96 (cm²)

18 가장 작은 직사각형의 가로를 □ cm라 하면
처음 정사각형의 한 변은 (□×4) cm,
가장 작은 직사각형의 세로는 (□×2) cm입니다.
⇨ (□+□×2)×2=96, (□×3)×2=96,
□×3=48, □=16
따라서 처음 정사각형의 한 변은 16×4=64 (cm)입니다.

19 (삼각형 ㄱㄴㄷ의 넓이)=10×15÷2=75 (cm²)
완성된 선대칭도형의 넓이는 삼각형 ㄱㄴㄷ의 넓이의 2배이므로 75×2=150 (cm²)입니다.

20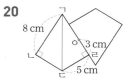

사각형 ㄱㄴㄷㄹ은 선분 ㄱㄷ을 대칭축으로 하는 선대칭도형이므로 (변 ㄱㄴ)=(변 ㄱㄹ)=8 cm,
(변 ㄴㄷ)=(변 ㄹㄷ)=5 cm,
(각 ㄱㄴㄷ)=(각 ㄱㄹㄷ)=90°입니다.
(삼각형 ㄱㄴㄷ의 넓이)=8×5÷2=20 (cm²)이고 완성된 점대칭도형의 넓이는 삼각형 ㄱㄴㄷ의 넓이의 4배이므로 20×4=80 (cm²)입니다.

입체도형(1)

26 직육면체, 정육면체

확인문제 100-101쪽

1 (○) (   ) (   ) (○)

2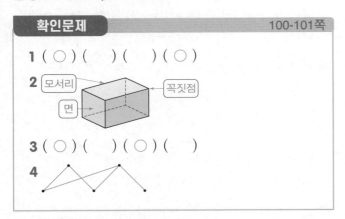

3 (○) (   ) (○) (   )

4

3 직사각형 6개로 둘러싸인 도형을 찾습니다.

4 직육면체와 정육면체는 면의 수, 모서리의 수, 꼭짓점의 수가 각각 모두 같고, 정사각형은 직사각형이라고 할 수 있으므로 직육면체와 정육면체 모두 직사각형으로 이루어져 있다고 할 수 있습니다.

개념 다지기 102-103쪽

01 직사각형
02 면, 모서리, 꼭짓점
03 4
04 직사각형, 6, 8 / 정사각형, 6, 12
05 3, 9, 7
06 ㉢
07 ㉢, ㉥
08 84 cm²
09 68 cm
10 486 cm²
11 48 cm

실력 올리기

12 300 cm
13 64 cm²

03 정육면체의 모서리의 길이는 모두 같습니다.

05

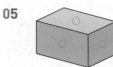

보이는 면: 3개   보이는 모서리: 9개

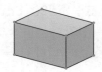

보이는 꼭짓점: 7개

06 직육면체의 모서리의 수는 12개이고, 꼭짓점의 수는 8개이므로 설명이 틀린 것은 ㉢입니다.

07 ㉢ 직육면체는 정육면체라고 할 수 없습니다.
    ㉥ 직육면체는 길이가 같은 모서리가 4개씩 3쌍입니다.

08 직육면체에서 서로 평행한 모서리의 길이는 같으므로 색칠한 면은 가로가 12 cm, 세로가 7 cm인 직사각형입니다.
    ⇨ (넓이)$=12\times7=84\,(cm^2)$

09 직육면체는 길이가 같은 모서리가 4개씩 3쌍 있습니다.
    ⇨ $(5+8+4)\times4=68\,(cm)$

10 한 변이 9 cm인 정사각형 6개로 이루어진 정육면체입니다.
    ⇨ (모든 면의 넓이의 합)$=9\times9\times6=486\,(cm^2)$

11 정육면체는 모서리가 12개이고, 그 길이는 모두 같으므로 (한 모서리의 길이)$=144\div12=12\,(cm)$입니다.
    ⇨ (면 ㄴㅂㅅㄷ의 둘레)$=12\times4=48\,(cm)$

12 정육면체는 모든 모서리의 길이가 같으므로 직육면체를 잘라서 만들 수 있는 가장 큰 정육면체는 가장 짧은 모서리의 길이에 맞추어 자를 수 있습니다.
따라서 만들 수 있는 가장 큰 정육면체의 한 모서리의 길이는 25 cm이므로 모든 모서리의 길이의 합은 $25\times12=300\,(cm)$입니다.

13 (직육면체의 모든 모서리의 길이의 합)
    $=(5+7+12)\times4=96\,(cm)$
    (정육면체의 한 모서리의 길이)
    $=96\div12=8\,(cm)$
    (정육면체의 한 면의 넓이)$=8\times8=64\,(cm^2)$

27 직육면체의 성질

확인문제   104쪽

1 ㅁㅂㅅㅇ / ㄱㄴㅁㄹ / ㄴㅂㅁㄱ

2 (1) 면 ㄱㄴㄷㄹ, 면 ㄴㅂㅅㄷ, 면 ㄷㅅㅇㄹ

    (2) 수직에 ○표

개념 다지기   105쪽

01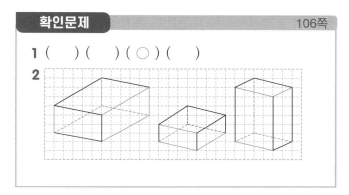

02 면 ㄱㅁㅂㄴ, 면 ㄴㅂㅅㄷ, 면 ㄹㅇㅅㄷ,

    면 ㄱㅁㅇㄹ

03 3쌍   **04** 90°

05 24 cm / 35 cm²

06 면 ㄷㅅㅇㄹ, 면 ㄴㅂㅁㄱ

07 14

실력 올리기

08 초록색

---

02 면 ㅁㅂㅅㅇ을 밑면으로 할 때 옆면은 면 ㅁㅂㅅㅇ과 수직인 면으로 면 ㄱㅁㅂㄴ, 면 ㄴㅂㅅㄷ, 면 ㄹㅇㅅㄷ, 면 ㄱㅁㅇㄹ입니다.

03 직육면체의 6개의 면은 2개씩 마주 보고 있으므로 서로 평행한 면은 3쌍입니다.

04 직육면체에서 서로 만나는 면은 수직이므로 색칠한 두 면이 만나서 이루는 각의 크기는 90°입니다.

05 직육면체에서 서로 평행한 두 면은 합동입니다.
  ⇨ (색칠한 면과 평행한 면의 둘레)
    =(5+7)×2=24(cm)
    (색칠한 면과 평행한 면의 넓이)
    =5×7=35(cm²)

06 면 ㄱㄴㄷㄹ에 수직인 면:
  면 ㄴㅂㅅㄷ, 면 ㄷㅅㅇㄹ, 면 ㄱㅁㅇㄹ, 면 ㄴㅂㅁㄱ
  면 ㄱㅁㅇㄹ에 수직인 면:
  면 ㄴㅂㅁㄱ, 면 ㄱㄴㄷㄹ, 면 ㄷㅅㅇㄹ, 면 ㅂㅅㅇㅁ
  따라서 색칠한 두 면에 공통으로 수직인 면은
  면 ㄷㅅㅇㄹ, 면 ㄱㅁㅂㄴ입니다.

---

07 서로 평행한 두 면의 눈의 수의 합이 7이므로 눈의 수가 2인 면과 평행한 면의 눈의 수는 5입니다. 직육면체에서 한 면에 수직인 면은 평행한 면을 제외한 나머지 면들이므로 눈의 수가 2인 면과 수직인 면들의 눈의 수는 1부터 6까지의 수 중에서 2와 5를 제외한 1, 3, 4, 6입니다.
  ⇨ 1+3+4+6=14

08 빨간색 면과 수직인 면은 파란색, 노란색, 초록색, 보라색 면이고, 파란색 면의 오른쪽 면에는 노란색 면, 왼쪽에는 초록색 면이 있습니다. 따라서 노란색 면과 평행한 면의 색은 초록색입니다.

28 직육면체의 겨냥도

확인문제   106쪽

1 (   ) (   ) (○) (   )

2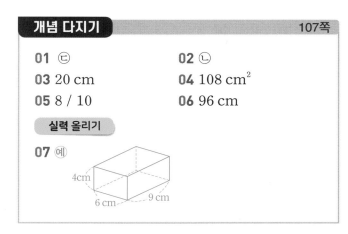

1 보이는 모서리는 실선으로, 보이지 않는 모서리는 점선으로 그린 것을 찾습니다.

개념 다지기   107쪽

01 ㉢   **02** ㉡

03 20 cm   **04** 108 cm²

05 8 / 10   **06** 96 cm

실력 올리기

07 예)

4cm / 6 cm / 9 cm

01 ㉢ 직육면체의 겨냥도에서 보이는 꼭짓점은 7개입니다.

02 ㉡ 직육면체의 겨냥도에서 각 면은 평행사변형으로 그려집니다.

03 직육면체에서 보이지 않는 모서리는 길이가 서로
다른 3개의 모서리입니다.
⇨ 6+9+5=20 (cm)

04 정육면체의 겨냥도에서 보이는 모서리의 수는 9개
이므로 정육면체의 한 모서리의 길이는
54÷9=6 (cm)입니다.
정육면체의 겨냥도에서 보이지 않는 면의 수는 3개
이므로 보이지 않는 면의 넓이의 합은
6×6×3=108 (cm²)입니다.

06 직육면체에서 모든 모서리의 길이의 합은 한 꼭짓
점에서 만나는 세 모서리의 길이의 합의 4배입니다.
겨냥도에서 보이지 않는 모서리의 길이의 합은 직
육면체에서 한 꼭짓점에서 만나는 세 모서리의 길
이의 합과 같습니다. 따라서 모든 모서리의 길이의
합은 24×4=96 (cm)입니다.

29 직육면체의 전개도

확인문제
108-109쪽

1 (○) ( ) ( ) (○)

2

3

4 예

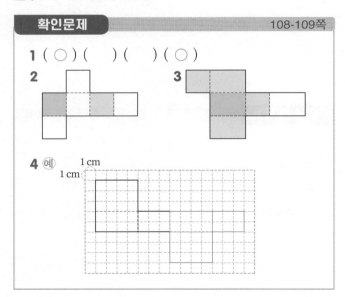

1 • 두 번째 전개도는 전개도를 접었을 때 서로 겹치는
면이 있습니다.
• 세 번째 전개도는 면이 5개입니다.

3 전개도를 접었을 때 색칠한 면과 평행한 면을 제외한
나머지 4개의 면은 모두 색칠한 면과 수직입니다.

개념 다지기
110-111쪽

01 3, 없고에 ○표, 같습니다에 ○표
02 ⑴ 면 가, 면 다, 면 마, 면 바 ⑵ ㅌㅍ / ㅎㄱ
03 (시계 방향으로) 8, 6, 5
04 점 ㄱ, 점 ㅅ
05

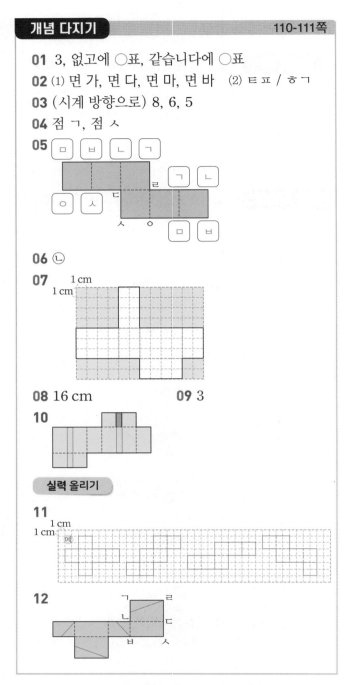

06 ㄴ
07

08 16 cm   **09** 3
10

실력 올리기

11

12

02 ⑴ 전개도를 접었을 때 색칠한 면과 평행한 면을 제
외한 나머지 4개의 면은 모두 색칠한 면과 수직
입니다.
⑵ 전개도를 접었을 때 선분 ㅎㅍ은 선분 ㅌㅍ을 만
나 한 모서리가 되고, 선분 ㅌㅋ은 선분 ㅎㄱ과
만나 한 모서리가 됩니다.

04 전개도를 접었을 때 선분 ㅋㅊ은 선분 ㅅㅇ과 만나
한 모서리가 되고, 선분 ㅌㅋ은 선분 ㅎㄱ과 만나 한
모서리가 됩니다. 따라서 점 ㅋ과 만나는 점은
점 ㅅ과 점 ㄱ입니다.

05 전개도를 접었을 때 만나는 점끼리 같은 기호를 씁니다.

06 ㉠ 접었을 때 겹치는 부분이 생기고, 서로 만나는 모서리의 길이가 같지 않습니다.
㉢ 접었을 때 서로 만나는 모서리의 길이가 같지 않습니다.
㉣ 접었을 때 겹치는 부분이 생깁니다.

07 직육면체의 전개도는 잘린 모서리는 실선으로, 잘리지 않은 모서리는 점선으로 표시하고, 전개도를 접었을 때 만나는 모서리의 길이를 같게 그립니다.

08 (선분ㅍㅎ)=(선분 ㄱㅎ)=(선분 ㄴㄷ)=3 cm
(선분 ㅍㅌ)=(선분 ㄷㄹ)=(선분 ㄹㅁ)
    =(선분 ㅇㅅ)=5 cm
⇨ (면 ㅍㅎㄱㅌ의 둘레)=(3+5)×2=16(cm)

09 전개도를 접었을 때 ★이 그려진 면은 눈의 수가 4인 면과 마주 보게 되므로 ★이 그려진 면에 알맞은 눈의 수는 7−4=3 입니다.

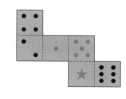

10 직육면체에서 왼쪽 옆면과 오른쪽 옆면을 제외한 4개의 면을 연결하도록 색 테이프를 붙였습니다.
전개도에서 4개의 면에 해당하는 면을 찾아 색 테이프가 지나간 자리를 나타냅니다.

11 정육면체의 전개도를 여러 가지 모양으로 그릴 수 있습니다.

참고 정육면체의 전개도는 모두 11가지가 있습니다.

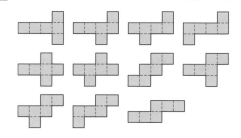

12 선은 점 ㄹ에서 시작하여 선분 ㄱㄴ의 중간을 지나 점 ㅂ까지 그리고, 점 ㅂ에서 선분 ㅅㅇ의 중간을 지나 점 ㄹ까지 그립니다.

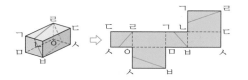

30 쌓기나무 (1)

확인문제 112-113쪽

1 12개

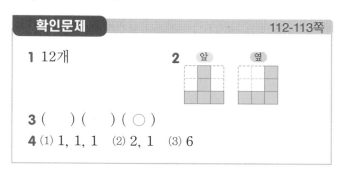

3 ( ) ( ) (○)

4 ⑴ 1, 1, 1 ⑵ 2, 1 ⑶ 6

1 1층: 7개, 2층: 3개, 3층: 2개
⇨ 7+3+2=12(개)

2 앞에서 본 모양은 가장 높은 층이 왼쪽에서부터 1층, 3층, 1층입니다.
옆에서 본 모양은 가장 높은 층이 왼쪽에서부터 1층, 1층, 3층입니다.

3 위에서 본 모양은 첫 번째, 세 번째 모양이고, 그중에서 각 자리에 쓰여 있는 수가 맞는 것은 세 번째 모양입니다.

개념 다지기 114-115쪽

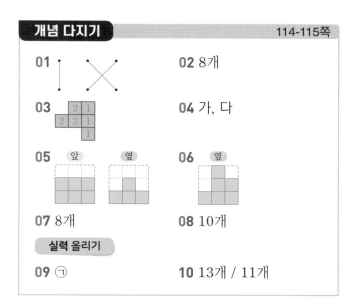

실력 올리기

09 ㉠

10 13개 / 11개

02 (쌓기나무의 개수)=5+2+1=8(개)

04 나를 돌려 보면 ○표 한 쌓기나무가 보이게 됩니다.

05 위에서 본 모양을 보면 보이지 않는 쌓기나무가 있다는 것을 알 수 있습니다. 앞에서 본 모양은 왼쪽부터 2층, 2층, 2층이고 옆에서 본 모양은 왼쪽부터 1층, 2층, 1층입니다.

06 쌓기나무로 쌓은 모양은 오른쪽과 같습니다. 앞과 옆에서 본 모양은 각 줄의 가장 높은 층의 모양과 같으므로 옆에서 본 모양은 왼쪽부터 1층, 3층, 2층입니다.

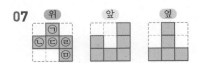

07

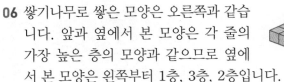

앞에서 본 모양을 통해 ㉠과 ㉢에 각각 1개씩이고, ㉡에 2개, ㉣과 ㉤에 각각 3개 이하입니다.
옆에서 본 모양을 통해 ㉤에 1개, ㉣에 3개입니다.
따라서 필요한 쌓기나무는
$1+2+1+3+1=8$(개)입니다.

08 만들 수 있는 가장 작은 정육면체는 한 모서리가 쌓기나무 3개로 이루어진 정육면체이므로 필요한 쌓기나무는 모두 $3\times3\times3=27$(개)입니다.
(주어진 모양의 쌓기나무 개수)
$=3+3+3+3+1+2+2$
$=17$(개)
⇨ (더 필요한 쌓기나무의 수)
$=27-17=10$(개)

위에서 본 모양

09 모양을 위, 앞, 옆에서 본 모양을 생각해 봅니다.
왼쪽 상자에 넣을 수 있는 모양은 ㉠, ㉢이고, 오른쪽 상자에 넣을 수 있는 모양은 ㉠, ㉡, ㉣입니다. 따라서 두 상자에 모두 넣을 수 있는 모양은 ㉠입니다.

10 위에서 본 모양에 쌓기나무의 개수가 확실한 자리에 수를 쓰면 오른쪽 그림과 같습니다. 따라서 필요한 쌓기나무가 가장 많을 때는 빈 곳에 3개를 쌓았을 때이므로 모두 $3+2+3+3+2=13$(개)이고, 가장 적을 때는 빈 곳에 1개를 쌓았을 때이므로 $1+2+3+3+2=11$(개)입니다.

---

31 쌓기나무 (2)

확인문제 116쪽

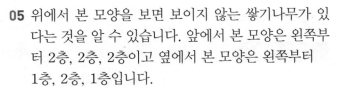

1
2 나

1 쌓기나무로 쌓은 모양과 1층 모양을 보고 2층에 쌓기나무 3개, 3층에 쌓기나무 1개를 위치에 맞게 그립니다.

2 1층에 맞는 모양은 나, 다이고 2층에 맞는 모양은 나입니다.

개념 다지기 117쪽

01 11개
02
03
04 라 / 가
05 18개

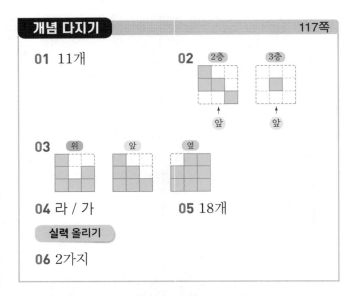

실력 올리기

06 2가지

01 1층에 6개, 2층에 3개, 3층에 2개이므로
(필요한 쌓기나무의 개수)$=6+3+2=11$(개)
입니다.

02 2층의 모양은 2 이상의 수가 적힌 칸에 색칠합니다. 마찬가지로 3층의 모양은 3 이상의 수가 적힌 칸에 색칠합니다.

03 위에서 본 모양은 1층의 모양과 같습니다. 위에서 본 모양에 쌓기나무의 수를 쓰면 오른쪽과 같습니다.
따라서 앞에서 본 모양은 가장 높은 층이 왼쪽에서부터 3층, 2층, 1층이고, 옆에서 본 모양은 가장 높은 층이 왼쪽에서부터 2층, 3층, 3층입니다.

04 2층으로 가능한 모양은 가, 나, 라입니다. 2층에 가 또는 나를 놓으면 3층에 놓을 수 있는 모양이 없습니다.

05 (전체 쌓기나무의 개수)
   $=2+2+3+1+4+2+1+3+5+1=24$(개)
   (3층에 쌓인 쌓기나무의 개수)
   $=$(3 이상의 수가 쓰여 있는 칸 수)$=4$개
   (4층에 쌓인 쌓기나무의 개수)
   $=$(4 이상의 수가 쓰여 있는 칸 수)$=2$개
   $\Rightarrow 24-(4+2)=18$(개)

06 위에서 본 모양을 보면 1층에 쌓은 쌓기나무는 7개입니다. 남은 쌓기나무는 $9-7=2$(개)이고, 3층까지 쌓아야 하므로 앞에서 본 모양과 옆에서 본 모양이 같으려면 다음과 같이 쌓아야 합니다.

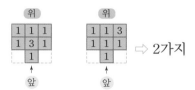

⇨ 2가지

실력 확인 문제 118-120쪽

01 ②, ⑤ **02** ㉠ **03** ⑤
04 90° **05** 11개 **06** ㉡, ㉣
07 15개 **08** 면 마 **09** 5 cm
10

11 42 cm

12

13 68 cm

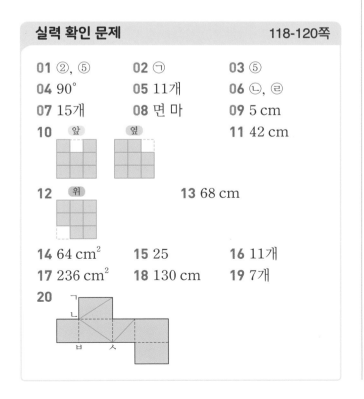

14 64 cm² **15** 25 **16** 11개
17 236 cm² **18** 130 cm **19** 7개
20

---

02 ㉠ 직육면체의 면이 항상 정사각형인 것은 아니므로 직육면체는 정육면체라고 할 수 없습니다.

03 면 ㅁㅂㅅㅇ은 면 ㄱㄴㄷㄹ과 마주 보는 면이므로 옆면이 될 수 없습니다.

04 직육면체에서 면과 면은 수직으로 만나므로 면 ㄴㅂㅁㄱ과 면 ㅁㅂㅅㅇ이 만나서 이루는 각의 크기는 90°입니다.

05 $6+4+1=11$(개)

07 $7+5+3=15$(개)

08 전개도를 접었을 때 면 나와 만나는 모서리가 없는 면은 면 나와 평행한 면이므로 면 마입니다.

09 (선분 ㄴㄷ)$=$(선분 ㄹㅁ)$=$(선분 ㅊㅈ)$=7$ cm
   (선분 ㄷㄹ)$=19-7-7=5$ (cm)
   $\Rightarrow$ (선분 ㅂㅅ)$=$(선분 ㄹㄷ)$=5$ cm

10 • 앞에서 보면 왼쪽부터 차례대로 3층, 2층, 3층으로 보입니다.
   • 옆에서 보면 왼쪽부터 차례대로 3층, 3층, 2층으로 보입니다.

11 색칠한 면의 세로를 □ cm라 하면
   $13+9+$□$=30$, $22+$□$=30$, □$=8$입니다.
   색칠한 면은 가로가 13 cm, 세로가 8 cm인 직사각형이므로 (둘레)$=(13+8)\times2=42$ (cm)입니다.

12 쌓기나무 13개로 쌓은 모양이므로 보이지 않는 곳에 숨겨진 쌓기나무가 1개 있습니다.

13 전개도를 접어 만든 직육면체는 오른쪽과 같습니다.
   따라서 직육면체의 모든 모서리의 길이의 합은 $(8+5+4)\times4=68$ (cm)입니다.

14 (직육면체의 모든 모서리의 길이의 합)
   $=(11+7+6)\times4=96$ (cm)
   (정육면체의 한 모서리의 길이)
   $=96\div12=8$ (cm)
   (정육면체의 한 면의 넓이)$=8\times8=64$ (cm²)

15 12가 적힌 면과 수직인 면에 적혀 있는 수는 15, 11, 10이고, 11의 오른쪽 면에는 10이, 왼쪽 면에는 15가 적혀 있으므로 10이 적힌 면과 15가 적힌 면은 서로 평행합니다.
   $\Rightarrow 10+15=25$

정답과 풀이

16 위에서 본 모양에 쌓기나무의 수를 쓰면 오른쪽과 같습니다.

⇨ (필요한 쌓기나무의 개수)
$$=3+2+1+2+1+1+1=11(개)$$

17 주어진 직육면체는 오른쪽과 같습니다.

직육면체에서 모양과 크기가 같은 면은 2개씩 3쌍이므로 모든 면의 넓이의 합은
$$(8\times5+5\times6+8\times6)\times2=236\,(cm^2)입니다.$$

18 상자를 포장하는 데 사용한 리본 끈의 길이는 11 cm짜리 4개, 15 cm짜리 2개, 18 cm짜리 2개와 같으므로 총 길이는
$$11\times4+(15+18)\times2=110\,(cm)이고 매듭에 사용한 리본의 끈의 길이가 20 cm이므로 사용한 리본 끈의 길이는 모두 110+20=130\,(cm)입니다.$$

19 앞과 옆에서 본 모양을 보면 쌓기나무가 ○ 부분에 3개, 나머지에 1개 있습니다.

따라서 필요한 쌓기나무의 개수는
$$1+1+3+1+1=7(개)입니다.$$

20 전개도에 각 꼭짓점을 나타내어 보고 점 ㄴ과 점 ㄹ, 점 ㄴ과 점 ㅅ, 점 ㄹ과 점 ㅅ을 선분으로 잇습니다.

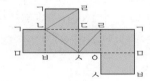

입체도형(2)

32 직육면체의 부피

확인문제 122-123쪽

1 1 cm³, 1 세제곱센티미터
2 (1) 5, 3, 2, 30 / 5, 3, 2, 30
 (2) 3, 3, 3, 27 / 3, 3, 3, 27
3 1 m³, 1 세제곱미터
4 (1) 2, 4, 24 (2) 200, 400, 24000000
 (3) 24000000

4 (1) (가의 부피)=3×2×4=24 (m³)
 (2) (나의 부피)=300×200×400
  =24000000 (cm³)

개념 다지기 124-125쪽

01 (1) 72 (2) 125
02 (1) 5000000 (2) 2480000 (3) 830 (4) 12.5
03 (1) 450, 450000000
 (2) 50.4, 50400000
04 ㉢, ㉣, ㉠, ㉡ **05** 585 cm³
06 6 m **07** 8배
08 360개 **09** 3 cm
10 5625 cm³ **11** 480000 cm³

실력 올리기

12 90 cm³ **13** 1080 cm³

01 (1) (직육면체의 부피)=6×4×3=72 (cm³)
 (2) (직육면체의 부피)=5×5×5=125 (m³)

02 1 m³=1000000 cm³

03 (1) 750 cm=7.5 m
 (직육면체의 부피)=5×7.5×12=450 (m³)
  ⇨ 450000000 (cm³)
 (2) 350 cm=3.5 m
 (직육면체의 부피)=3.5×3.6×4=50.4 (m³)
  ⇨ 50400000 cm³

04 ㉠ 4.8 m³=4800000 cm³
 ㉡ 1900000 cm³
 ㉢ 230×230×230=12167000 (cm³)
 ㉣ 120×500×90=5400000 (cm³)
 ⇨ ㉢>㉣>㉠>㉡

05 ㉠ (직육면체의 부피)=(밑면의 넓이)×(높이)
  =18×8=144 (cm³)
 ㉡ 정육면체의 한 모서리의 길이를 □ cm라 하면
  □×□=81, □=9입니다.
  (정육면체의 부피)=9×9×9=729 (cm³)
 ⇨ (부피의 차)=729−144=585 (cm³)

06 직육면체의 세로를 □ m라 하면
 4×□×3.5=84, 14×□=84, □=6입니다.

07 (한 모서리의 길이가 4 cm인 정육면체의 부피)
 =4×4×4=64 (cm³)
 (각 모서리의 길이를 2배로 늘인 정육면체의 부피)
 =8×8×8=512 (cm³)
 따라서 각 모서리의 길이를 2배로 늘이면 처음 부피의 512÷64=8(배)가 됩니다.

다른 풀이

(정육면체의 부피)

= (한 모서리의 길이) × (한 모서리의 길이)

　　× (한 모서리의 길이)

각 모서리의 길이를 2배로 늘이면 처음 부피의

$2 \times 2 \times 2 = 8$(배)가 됩니다.

08 $2.7\,m = 270\,cm$, $3\,m = 300\,cm$,

$1.2\,m = 120\,cm$이므로

가로에 $270 \div 30 = 9$(개),

세로에 $300 \div 30 = 10$(개),

높이에 $120 \div 30 = 4$(개) 놓을 수 있습니다.

➡ (쌓을 수 있는 물건의 수) $= 9 \times 10 \times 4 = 360$(개)

09 (작은 정육면체의 수) $= 2 \times 2 \times 2 = 8$(개)

쌓은 정육면체의 부피가 $216\,cm^3$이므로 작은 정육

면체 한 개의 부피는 $216 \div 8 = 27\,(cm^3)$입니다.

따라서 $3 \times 3 \times 3 = 27$이므로 작은 정육면체의 한

모서리의 길이는 $3\,cm$입니다.

10 만들 수 있는 가장 큰 정육면체의 한 모서리의 길이

는 직육면체의 가장 짧은 모서리의 길이와 같으므로

$15\,cm$입니다.

(가장 큰 정육면체의 부피)

$= 15 \times 15 \times 15 = 3375\,(cm^3)$

➡ (남은 빵의 부피) $= 20 \times 30 \times 15 - 3375$

　　　　　　　　 $= 5625\,(cm^3)$

11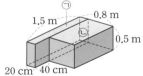

그림과 같이 직육면체 ㉠, ㉡으로 나누어 구할 수 있

습니다.

$0.8\,m = 80\,cm$, $1.5\,m = 150\,cm$,

$0.5\,m = 50\,cm$

(㉠의 부피) $= 20 \times 150 \times 50 = 150000\,(cm^3)$

(㉡의 부피) $= (80 - 20) \times (150 - 40) \times 50$

　　　　　　 $= 330000\,(cm^3)$

➡ $150000 + 330000 = 480000\,(cm^3)$

12 길이가 같은 변 $5\,cm$가 직육면

체의 높이이므로 겨냥도를 그려

보면 오른쪽 그림과 같습니다.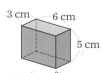

➡ (직육면체의 부피) $= 6 \times 3 \times 5 = 90\,(cm^3)$

13 물속에 넣은 돌의 부피는 늘어난 물의 부피와 같습

니다.

➡ (돌의 부피) = (수조의 가로) × (수조의 세로)

　　　　　　　 × (늘어난 물의 높이)

　　　　　　 $= 12 \times 18 \times (15 - 10)$

　　　　　　 $= 1080\,(cm^3)$

33 직육면체의 겉넓이

확인문제   126쪽

1 3, 4, 3, 6, 108   **2** 6, 7, 7, 6, 294

개념 다지기   127쪽

01 ⑴ $548\,cm^2$ ⑵ $232\,cm^2$

02 $96\,cm^2$ **03** $44\,cm^2$

04 $654\,cm^2$ **05** $4\,cm$

06 $10\,cm$

실력 올리기

07 $260\,cm^2$

01 ⑴ $(12 \times 10 + 12 \times 7 + 10 \times 7) \times 2 = 548\,(cm^2)$

⑵ $(4 \times 8 + 4 \times 7 + 7 \times 8) \times 2 = 232\,(cm^2)$

02 $4 \times 4 \times 6 = 96\,(cm^2)$

03 (가의 겉넓이) $= 9 \times 8 \times 2 + (9 + 8 + 9 + 8) \times 3$

　　　　　　　 $= 246\,(cm^2)$

(나의 겉넓이) $= 5 \times 4 \times 2 + (5 + 4 + 5 + 4) \times 9$

　　　　　　　 $= 202\,(cm^2)$

➡ $246 - 202 = 44\,(cm^2)$

04 (색칠한 면의 가로) $= 72 \div 8 = 9\,(cm)$

(직육면체의 겉넓이)

$= 72 \times 2 + (8 + 9 + 8 + 9) \times 15 = 654\,(cm^2)$

05 $5 \times 6 \times 2 + (5 + 6 + 5 + 6) \times ㉠ = 148$,

$60 + 22 \times ㉠ = 148$, $22 \times ㉠ = 88$, $㉠ = 4$

06 (직육면체 가의 겉넓이)

$= (6 \times 10 + 6 \times 15 + 10 \times 15) \times 2 = 600\,(cm^2)$

(정육면체 나의 한 면의 넓이)

$= 600 \div 6 = 100\,(cm^2)$

정육면체 나의 한 모서리의 길이를 □ cm라 하면

$□ \times □ = 100$, $□ = 10$입니다.

07 (처음 빵의 겉넓이)
$$=10\times16\times2+(10+16+10+16)\times5$$
$$=580(\text{cm}^2)$$
(빵 1조각 겉넓이)
$$=5\times8\times2+(5+8+5+8)\times5=210(\text{cm}^2)$$
(빵 4조각의 겉넓이의 합)$=210\times4=840(\text{cm}^2)$
따라서 빵 4조각의 겉넓이의 합은 처음 빵의 겉넓이
보다 $840-580=260(\text{cm}^2)$ 더 늘어납니다.

다른 풀이

한 번 자를 때 마다 잘리는 면 2개만큼 겉넓이가 늘
어납니다.
(늘어난 겉넓이)$=10\times5\times2+16\times5\times2$
$$=260(\text{cm}^2)$$

34 각기둥

확인문제   128-129쪽

1 다, 마
2 면 ㄱㄴㄷㄹㅁ, 면 ㅂㅅㅇㅈㅊ /
   면 ㄱㄴㅅㅂ, 면 ㄴㅅㅇㄷ, 면 ㄷㅇㅈㄹ,
   면 ㄹㅈㅊㅁ, 면 ㄱㅂㅊㅁ
3 사각형, 육각형, 칠각형 / 사각기둥, 육각기둥,
   칠각기둥
4

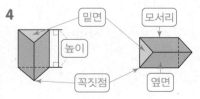

1 위와 아래에 있는 면이 서로 평행하고 합동인 두 다
각형으로 이루어진 입체도형은 다, 마입니다.

2 밑면: 서로 평행하고 합동인 두 면은 면 ㄱㄴㄷㄹㅁ,
        면 ㅂㅅㅇㅈㅊ입니다.
   옆면: 두 밑면과 만나는 면은 면 ㄱㄴㅅㅂ,
        면 ㄴㅅㅇㄷ, 면 ㄷㅇㅈㄹ, 면 ㄹㅈㅊㅁ,
        면 ㄱㅂㅊㅁ입니다.

3 각기둥의 이름은 밑면의 모양에 따라 정해집니다.

> **주의** 밑면의 모양은 다각형이므로 삼각형, 사각형(사다리꼴), 오
각형(정오각형)이라고 이름을 붙일 수 있지만 각기둥에 이
름을 붙일 때는 구체적인 이름(사다리꼴기둥)보다는 밑면
의 다각형의 모양을 일반적으로 말할 수 있는 도형의 이름
(사각기둥)을 씁니다.

개념 다지기   130-131쪽

01 ③, ⑤
02 면 ㄱㄴㄷㄹ, 면 ㄴㅂㅅㄷ, 면 ㅁㅂㅅㅇ,
    면 ㄱㅁㅇㄹ
03 (1)   (2)

04 ㄹ   **05** 10, 7, 15 / 14, 9, 21
06 팔각기둥   **07** 8 cm
08 7개   **09** 16
10 구각기둥   **11** 38개

실력 올리기

12 756 cm²   **13** 14개

01 ③ 서로 평행한 두 면이 합동이지만 다각형이 아닙니
다.
   ⑤ 서로 평행한 두 면이 있지만 합동이 아닙니다.

02 색칠한 면과 만나는 면을 모두 찾습니다.

03 보이는 모서리는 실선으로, 보이지 않는 모서리는
점선으로 나타내어 완성합니다.

04 ㄹ 각기둥에서 한 옆면이 이웃하지 않는 다른 옆면
과 항상 평행한 것은 아닙니다.

05 오각기둥: (꼭짓점의 수)$=5\times2=10$(개)
          (면의 수)$=5+2=7$(개)
          (모서리의 수)$=5\times3=15$(개)
   칠각기둥: (꼭짓점의 수)$=7\times2=14$(개)
          (면의 수)$=7+2=9$(개)
          (모서리의 수)$=7\times3=21$(개)

06 밑면의 모양이 팔각형이므로 팔각기둥입니다.

07 서로 평행하고 합동인 두 밑면 사이의 거리는 8 cm
입니다.

08 각기둥에서 높이는 두 밑면 사이의 거리이므로 높이를 잴 수 있는 선분은 모두 7개입니다.

09 ㉠ (육각기둥의 면의 수)=6+2=8(개)
ㄴ (십각기둥의 꼭짓점의 수)=10×2=20(개)
ㄷ (사각기둥의 모서리의 수)=4×3=12(개)
⇨ ㉠+ㄴ−ㄷ=8+20−12=16

10 두 밑면이 서로 평행하고 합동인 다각형이고 옆면이 모두 직사각형이므로 각기둥입니다.
한 밑면의 변의 수가 18÷2=9(개)이므로 밑면의 모양이 구각형인 구각기둥입니다.

11 각기둥의 한 밑면의 변의 수를 □개라 하면
□×3=36, □=12입니다.
밑면의 모양이 십이각형이므로 십이각기둥입니다.
(십이각기둥의 면의 수)=12+2=14(개)
(십이각기둥의 꼭짓점의 수)=12×2=24(개)
⇨ 14+24=38(개)

12 한 옆면의 넓이는 9×12=108(cm²)이고 밑면이 정칠각형이므로 옆면은 7개입니다.
⇨ (옆면의 넓이의 합)=108×7=756(cm²)

13 오각기둥을 잘라서 생긴 두 각기둥은 사각기둥과 삼각기둥입니다.
(사각기둥의 꼭짓점의 수)=4×2=8(개)
(삼각기둥의 꼭짓점의 수)=3×2=6(개)
⇨ 8+6=14(개)

35 각기둥의 전개도

확인문제 132쪽

1 (1) 육각기둥 (2) 사각기둥
2
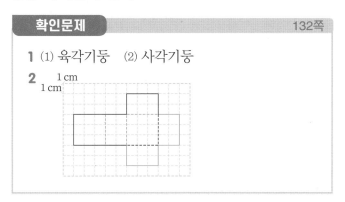

1 (1) 밑면의 모양이 육각형이므로 육각기둥이 됩니다.
(2) 밑면의 모양이 사각형이므로 사각기둥이 됩니다.

01 점 ㄷ, 점 ㅈ / 선분 ㅎㄱ
02
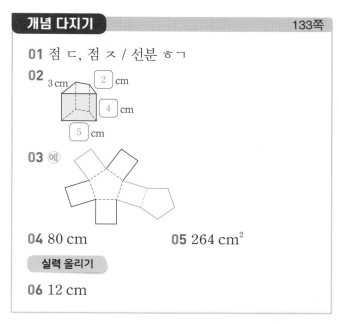

03 예

04 80 cm **05** 264 cm²

실력 올리기

06 12 cm

01 • 점 ㅁ과 만나는 점은 점 ㄷ과 점 ㅈ입니다.
• 선분 ㅌㅋ과 만나는 선분은 선분 ㅎㄱ입니다.

02 전개도를 접었을 때 만나는 선분의 길이는 같습니다.

03 오각기둥은 밑면이 2개, 옆면이 5개이므로 오각형 1개와 직사각형 2개를 그려 전개도를 완성합니다.

04 전개도를 접어 만든 각기둥은 오른쪽과 같습니다.
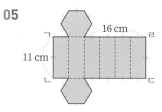
만든 삼각기둥에서 8 cm인 모서리는 4개, 6 cm인 모서리는 2개, 12 cm인 모서리는 3개입니다.
(모든 모서리의 길이의 합)
=8×4+6×2+12×3=80(cm)

05

(밑면의 한 변의 길이)=16÷4=4(cm)
(선분 ㄱㄹ)=4×6=24(cm)
⇨ (옆면의 넓이의 합)
=(직사각형 ㄱㄴㄷㄹ의 넓이)
=24×11=264(cm²)

06

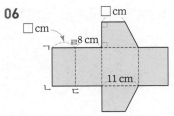

밑면은 사다리꼴이고, 넓이는 72 cm²이므로
사다리꼴의 윗변의 길이를 □ cm라 하면
(□+11)×8÷2=72, (□+11)×8=144,
□+11=18, □=7입니다.
면 ㄱㄴㄷㄹ의 넓이는 84 cm²이므로
(사각기둥의 높이)=84÷7=12 (cm)입니다.

36 각뿔

확인문제 　　　　　　　　　134-135쪽

1 다, 라
2 면 ㄴㄷㄹㅁㅂㅅ / 면 ㄱㄴㄷ, 면 ㄱㄷㄹ,
　　면 ㄱㄹㅁ, 면 ㄱㅂㅁ, 면 ㄱㅅㅂ, 면 ㄱㄴㅅ
3 삼각형, 육각형, 팔각형 / 삼각뿔, 육각뿔, 팔각뿔
4

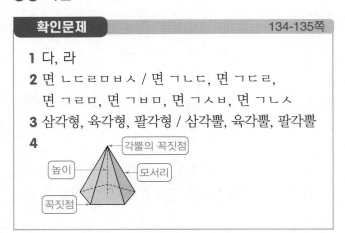

1 바닥에 놓인 면이 다각형이고 옆으로 둘러싼 면이 모두 삼각형인 입체도형은 다, 라입니다.

2 밑면: 바닥에 놓인 면은 면 ㄴㄷㄹㅁㅂㅅ입니다.
　옆면: 밑면과 만나는 면은 면 ㄱㄴㄷ, 면 ㄱㄷㄹ,
　　　　면 ㄱㄹㅁ, 면 ㄱㅂㅁ, 면 ㄱㅅㅂ, 면 ㄱㄴㅅ입니다.

3 각뿔의 이름은 밑면의 모양에 따라 정해집니다.

개념 다지기 　　　　　　　　　136-137쪽

01 3개　　　　　　**02** (　) (○) (　)
03 ╳　　　　　　**04** 12 cm
05 ㉣　　　　　　**06** 5, 5, 8 / 7, 7, 12
07 ㉡　　　　　　**08** 70 cm
09 ㉠, ㉣, ㉢, ㉡　**10** 구각뿔
11 칠각뿔, 98 cm　**12** 34개

13 72 cm　　　　　　**14** 오각뿔

01 바닥에 놓인 면이 다각형이고 옆으로 둘러싼 면이 모두 삼각형인 입체도형은 가, 다, 마로 모두 3개입니다.

02 각뿔의 꼭짓점에서 밑면에 수직인 선분의 길이를 잰 것을 찾습니다.

03 밑면의 모양이 칠각형이면 칠각뿔, 삼각형이면 삼각뿔, 팔각형이면 팔각뿔이라고 합니다.

04 각뿔의 꼭짓점에서 밑면에 수직인 선분의 길이는 12 cm입니다.

05 ㉣ 밑면과 옆면이 수직으로 만나는 입체도형은 각기둥입니다.

06 사각뿔: (꼭짓점의 수)=4+1=5(개)
　　　　　(면의 수)=4+1=5(개)
　　　　　(모서리의 수)=4×2=8(개)
　육각뿔: (꼭짓점의 수)=6+1=7(개)
　　　　　(면의 수)=6+1=7(개)
　　　　　(모서리의 수)=6×2=12(개)

07 ㉠ 구각기둥: 2개, 구각뿔 : 1개
　㉡ 구각기둥과 구각뿔의 옆면은 각각 9개씩입니다.
　㉢ 구각기둥: 9+2=11(개)
　　　구각뿔: 9+1=10(개)
　㉣ 구각기둥: 사각형, 구각뿔: 삼각형

08 밑면의 모양이 정오각형이고, 옆면의 모양이 이등변삼각형인 오각뿔이므로 길이가 9 cm인 모서리가 5개, 길이가 5 cm인 모서리가 5개 있습니다.
　⇨ (모든 모서리의 길이의 합)
　　　=9×5+5×5=70(cm)

09 ㉠ 8×3=24(개)　　㉡ 9+1=10(개)
　㉢ 10+2=12(개)　　㉣ 10×2=20(개)
　따라서 개수가 많은 순서대로 기호를 쓰면 ㉠, ㉣, ㉢, ㉡입니다.

10 (오각기둥의 꼭짓점의 수)=5×2=10(개)
　꼭짓점이 10개인 각뿔의 밑면의 변의 수를 □개라고 하면 □+1=10, □=9이므로 밑면의 모양이 구각형인 구각뿔입니다.

11 옆면이 7개인 각뿔은 칠각뿔입니다.
$\Rightarrow$ (모든 모서리의 길이의 합)
$=6\times7+8\times7=98\,(\text{cm})$

12 밑면의 모양이 팔각형이고 옆면의 모양이 이등변삼각형이므로 팔각뿔입니다.
(면의 수)$=8+1=9\,(\text{개})$
(모서리의 수)$=8\times2=16\,(\text{개})$
(꼭짓점의 수)$=8+1=9\,(\text{개})$
$\Rightarrow$ (면, 모서리, 꼭짓점 수의 합)
$=9+16+9=34\,(\text{개})$

13 각뿔의 옆면의 모양은 삼각형이므로 밑면의 모양도 삼각형입니다. 따라서 밑면의 모양이 삼각형인 각뿔은 삼각뿔이므로 모든 모서리의 길이의 합은 $12\times6=72\,(\text{cm})$입니다.

14 밑면이 다각형이고 1개이면서 옆면이 삼각형이므로 각뿔입니다.
각뿔의 밑면의 변의 수를 ☐개라고 하면
$☐+1+☐\times2=16$, $☐\times3+1=16$,
$☐\times3=15$, $☐=5$입니다.
따라서 밑면의 모양이 오각형인 오각뿔입니다.

37 원기둥

확인문제   138-139쪽

1 나, 마   **2**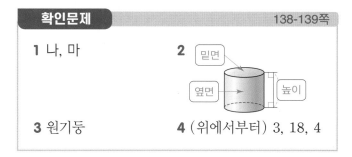

3 원기둥   **4** (위에서부터) 3, 18, 4

1 마주 보는 두 면이 서로 평행하고 합동인 원으로 이루어진 입체도형은 나, 마입니다.

3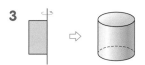

4 (밑면의 반지름)$=3\,\text{cm}$
(옆면의 가로)$=$(밑면의 둘레)
$=3\times2\times3=18\,(\text{cm})$
(옆면의 세로)$=$(높이)$=4\,\text{cm}$

개념 다지기   140-141쪽

01 (○) (○) (×)   **02** 12 cm / 16 cm
03 11 cm   **04** ㉡
05 ㉤   **06** 669.6 cm²
07 14 cm / 14 cm   **08** 64 cm
09 27 cm   **10** 176 cm
11 1060.2 cm²

실력 올리기

12 24 cm   **13** 8 cm

01 원기둥은 두 밑면이 서로 평행하고 합동입니다. 오른쪽 도형은 두 밑면이 서로 평행하지 않고 합동이 아닙니다.

02 밑면의 지름: $6\times2=12\,(\text{cm})$
높이: 두 밑면에 수직인 선분의 길이는 16 cm입니다.

03 직사각형의 가로를 기준으로 돌렸으므로 만든 원기둥의 높이는 직사각형의 가로와 같습니다. 따라서 만든 원기둥의 높이는 11 cm입니다.

04 ㉠ 두 밑면은 합동이지만 서로 겹쳐지는 위치에 있습니다.
㉡ 밑면의 둘레와 옆면의 가로의 길이가 다릅니다.
㉢ 두 밑면이 합동이 아닙니다.

05 ㉤ 높이는 두 밑면에 수직인 선분의 길이입니다.

06 (옆면의 가로)$=$(밑면의 둘레)
$=6\times2\times3.1=37.2\,(\text{cm})$
(옆면의 세로)$=$(높이)$=18\,\text{cm}$
$\Rightarrow$ (옆면의 넓이)$=37.2\times18=669.6\,(\text{cm}^2)$

07 밑면의 지름은 $7\times2=14\,(\text{cm})$입니다.
앞에서 본 모양이 정사각형이므로 원기둥의 높이와 밑면의 지름은 같습니다. 따라서 높이는 14 cm입니다.

08 앞에서 보았을 때 보이는 모양은 오른쪽과 그림과 같은 직사각형입니다.
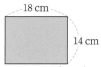
$\Rightarrow$ (직사각형의 둘레)$=(18+14)\times2=64\,(\text{cm})$

09 (옆면의 넓이)$=$(옆면의 가로)$\times$(옆면의 세로)
(옆면의 가로)$=324\div12=27\,(\text{cm})$
$\Rightarrow$ (밑면의 둘레)$=$(옆면의 가로)$=27\,\text{cm}$

10 (옆면의 가로)＝(밑면의 둘레)
＝12×3＝36(cm)
(옆면의 세로)＝(높이)＝16 cm
➡ (전개도의 둘레)＝36×4＋16×2＝176(cm)

11 (한 밑면의 넓이)＝9×9×3.1＝251.1(cm²)
(옆면의 가로)＝(밑면의 둘레)
＝9×2×3.1＝55.8(cm)
(옆면의 세로)＝(높이)＝10 cm
(옆면의 넓이)＝55.8×10＝558(cm²)
➡ (원기둥의 전개도의 넓이)
＝251.1×2＋558＝1060.2(cm²)

12 (정육면체의 한 모서리의 길이)
＝192÷12＝16(cm)
원기둥의 밑면의 지름과 높이는 각각 정육면체의
한 모서리의 길이와 같습니다.
따라서 원기둥의 밑면의 반지름은 16÷2＝8(cm)
이고 높이는 16 cm입니다.
➡ 8＋16＝24(cm)

13 (옆면의 가로)＝(밑면의 둘레)
＝(밑면의 지름)×(원주율)
➡ (밑면의 지름)＝(옆면의 가로)÷(원주율)
＝48÷3＝16(cm)
(밑면의 반지름)＝16÷2＝8(cm)

38 원뿔

확인문제
143쪽→142쪽

1 가, 마

2

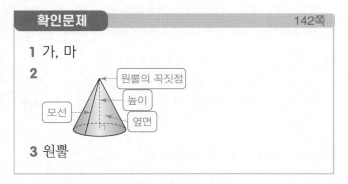

3 원뿔

1 평평한 면이 원이고 옆을 둘러싼 면이 굽은 면인 뿔
모양의 입체도형은 가, 마입니다.

3

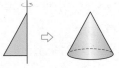

개념 다지기
143쪽

01 ㉡, ㉢, ㉠
02 5 cm / 셀 수 없이 많습니다.
03 16 cm / 15 cm   **04** 108 cm²
05 18 cm   **06** 100 cm²

실력 올리기

07 19 cm

02 원뿔의 꼭짓점과 밑면인 원의 둘레의 한 점을 잇는
선분의 길이는 5 cm이고, 이와 같은 선분은 셀 수
없이 많습니다.

03 직각삼각형의 높이를 기준으로 돌렸으므로 원뿔의
밑면의 반지름은 돌리기 전의 직각삼각형의 밑변의
길이와 같고 높이는 직각삼각형의 높이와 같습니다.
➡ (밑면의 지름)＝8×2＝16(cm)
(높이)＝15 cm

04 모선의 길이는 모두 같으므로
(변 ㄱㄴ)＝(변 ㄱㄷ)＝15 cm이고, 삼각형 ㄱㄴㄷ
의 둘레가 48 cm이므로
(변 ㄴㄷ)＝48－15×2＝18(cm)입니다.
➡ (삼각형 ㄱㄴㄷ의 넓이)
＝18×12÷2＝108(cm²)

05 (밑면의 지름)＝9×2＝18(cm)
앞에서 본 모양이 정삼각형이므로 원뿔의 모선의
길이와 밑면의 지름은 같습니다. 따라서 모선의 길
이는 18 cm입니다.

06 두 입체도형의 밑면의 넓이가 같으므로 원기둥의
밑면의 반지름은 5 cm입니다.
원기둥을 앞에서 본 모양은 가로가 16 cm, 세로가
10 cm인 직사각형이므로 넓이는
16×10＝160(cm²)입니다.
원뿔을 앞에서 본 모양은 밑변이 10 cm, 높이가
12 cm인 삼각형이므로 넓이는
10×12÷2＝60(cm²)입니다.
따라서 두 입체도형을 앞에서 본 모양의 넓이의 차
는 160－60＝100(cm²)입니다.

07 (밑면에 사용한 철사의 길이)＝7×2×3＝42(cm)
(모선에 사용한 철사의 길이)
＝137－42＝95(cm)
모선에 사용한 철사는 5군데이고, 모선의 길이는 모
두 같으므로 (선분 ㄱㄷ)＝95÷5＝19(cm)입니다.

39 구

144쪽

확인문제

1 나, 라

2

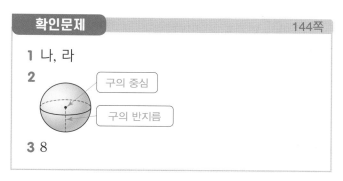

구의 중심
구의 반지름

3 8

---

1 가: 원기둥 모양, 나: 구 모양, 다: 원기둥 모양,
라: 구 모양, 마: 원뿔 모양

3 (반원의 반지름)=16÷2=8 (cm)이므로 구의 반지름도 8 cm입니다.

개념 다지기

145쪽

01 7 cm

02 (1) ○   (2) ×   (3) ○   (4) ○

03 (○) (   ) (   )   **04** 48 cm

05 ㉡, ㉣   **06** 303.8 cm²

실력 올리기

07 27 cm

---

01 구의 중심에서 구의 겉면의 한 점을 이은 선분은 7 cm입니다.

02 ② 구의 중심은 1개입니다.

03 구는 위, 앞, 옆에서 본 모양이 원으로 모두 같습니다.

04 반원을 지름을 기준으로 한 바퀴 돌려 만든 입체도형은 구이고, 위에서 본 모양은 반지름이 8 cm인 원입니다.
⇨ (위에서 본 모양의 둘레)
　　=8×2×3=48 (cm)

05 ㉡ 원뿔의 모선의 길이는 항상 높이보다 깁니다.
㉣ 원기둥, 구는 꼭짓점이 없지만 원뿔은 꼭짓점이 있습니다.

---

06 (돌리기 전의 반원의 반지름)=28÷2=14 (cm)
⇨ (돌리기 전의 반원의 넓이)
　　=14×14×3.1÷2=303.8 (cm²)

07 [원뿔을 앞에서 본 모양]　[구를 앞에서 본 모양]

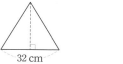

32 cm
24 cm

(구를 앞에서 본 모양의 넓이)
=12×12×3=432 (cm²)
따라서 원뿔의 높이를 □ cm라 하면
32×□÷2=432, 32×□=864, □=27입니다.

실력 확인 문제

146-148쪽

01 가, 다 / 나, 바
02 선분 ㄱㄴ, 선분 ㄱㄷ, 선분 ㄱㄹ, 선분 ㄱㅁ
03 ㉣   **04** ㉠, ㉡, ㉣, ㉢
05 ㉡, ㉢   **06** 11 cm   **07** 나, 육각기둥
08 ㉢, ㉡, ㉠   **09** 6 m   **10** 16 cm
11 867 cm²   **12** 46   **13** 8 cm
14 110 cm   **15** 166 cm²   **16** 55.8 cm
17 216 cm³   **18** 114 cm   **19** 336 cm²
20 8500 cm³

---

01 각기둥은 밑면이 서로 평행하고 합동인 다각형으로 이루어진 입체도형이므로 가, 다입니다.
각뿔은 밑면이 다각형이고 옆면이 삼각형인 뿔 모양의 입체도형이므로 나, 바입니다.

03 ㉣ 사각기둥과 사각뿔은 밑면의 모양이 사각형이므로 옆면의 수가 4개로 같습니다.

04 ㉠ 3.5 m³
㉡ 4600000 cm³=4.6 m³
㉢ 2×2×2=8 (m³)
㉣ 3×1.2×1.4=5.04 (m³)
따라서 3.5 m³<4.6 m³<5.04 m³<8 m³이므로 부피가 작은 순서대로 기호를 쓰면 ㉠, ㉡, ㉣, ㉢입니다.

06 (입체도형의 중심에서 점 ㄱ까지의 거리)
　　=(구의 반지름)
　　=22÷2=11(cm)

07 가는 밑면의 모양이 오각형인데 직사각형 모양의 옆면이 4개이므로 오각기둥을 만들 수 없습니다.
나는 밑면의 모양이 육각형이고 직사각형 모양의 옆면이 6개이므로 육각기둥을 만들 수 있습니다.

08 ㉠ 1개　㉡ 2개　㉢ 3개

09 (가의 부피)=6×6×6=216(m³)
나의 부피도 216 m³이므로
12×㉠×3=216, 36×㉠=216, ㉠=6(m)입니다.

10 (변 ㄴㄷ)=13×2=26(cm)
(변 ㄱㄴ)=(변 ㄱㄷ)=(58-26)÷2=16(cm)
따라서 모선의 길이는 16 cm입니다.

11 자른 단면은 반지름이 17 cm인 원 모양입니다.
(자른 단면의 넓이)=17×17×3=867(cm²)

12 십일각기둥과 밑면의 모양이 같은 각뿔은 십일각뿔입니다.
(꼭짓점의 수)=11+1=12(개)
(면의 수)=11+1=12(개)
(모서리의 수)=11×2=22(개)
⇨ ㉠+㉡+㉢=12+12+22=46

13 (가의 밑면의 둘레)=4×2×3=24(cm)
(가의 옆면의 넓이)=24×12=288(cm²)
가, 나의 옆면의 넓이가 같으므로 나의 옆면의 넓이도 288 cm²입니다.
(나의 밑면의 둘레)=6×2×3=36(cm)이므로
나의 높이를 □cm라 하면 36×□=288,
□=8입니다.

14 옆면이 5개이므로 밑면의 모양이 오각형인 오각뿔입니다.
⇨ (모든 모서리의 길이의 합)
　　=9×5+13×5=110(cm)

15 만든 직육면체의 가로를 5 cm, 세로를 7 cm, 높이를 □cm라 하면 5×7×□=140, 35×□=140,
□=4입니다.
⇨ (직육면체의 겉넓이)
　　=(5×7+5×4+4×7)×2=166(cm²)

16 변 ㄴㄷ을 기준으로 돌리면 밑면의 반지름이 9 cm이고 높이가 12 cm인 원뿔이 됩니다.
⇨ (만든 입체도형의 밑면의 둘레)
　　=9×2×3.1=55.8(cm)

17 (정육면체 한 면의 넓이)
　　=(25×20-284)÷6=36(cm²)
6×6=36이므로 정육면체 한 모서리의 길이는
6 cm입니다.
⇨ (정육면체의 부피)=6×6×6=216(cm³)

18 십각기둥을 한 바퀴 굴렸을 때 색칠된 부분의 넓이는 십각기둥의 옆면의 넓이의 합과 같습니다.
(옆면의 넓이의 합)=544÷4=136(cm²)
(한 밑면의 모서리 길이의 합)=136÷8=17(cm)
⇨ (모든 모서리의 길이의 합)
　　=(한 밑면의 모서리 길이의 합)×2+(높이)×10
　　=17×2+8×10=114(cm)

19 (밑면의 반지름)=24÷3÷2=4(cm)
(나무 토막의 겉면의 넓이)
　　=4×4×3×2+24×10=336(cm²)

20 (장난감 자동차와 자전거를 넣었을 때 늘어난 물의 높이)=7+3=10(cm)
(장난감 자동차와 자전거의 부피의 합)
　　=34×25×10=8500(cm³)

01 11개   **02** ㉢   **03** ㉢, ㉣
04 2 cm   **05** 36 cm   **06** 105°
07 45°   **08** 96 cm   **09** ②
10 20 cm   **11** 180 cm   **12** 50 cm
13 4   **14** 24 cm   **15** 12 cm
16 96 cm²   **17** 198.4 cm   **18** 280 cm²
19 ㉤   **20** 60°

01 6＋5＝11(개)

02 ㉠, ㉡ 옆면이 한 개 부족합니다.
㉢ 삼각기둥의 전개도입니다.
㉣ 옆면이 한 개 남습니다.
㉤ 전개도를 접었을 때 겹치는 면이 있습니다.

03 두 각이 45°로 같으므로 이등변삼각형입니다.
나머지 한 각의 크기는 180°－45°－45°＝90°이므로 한 각이 직각인 직각삼각형입니다.

04 원뿔에서 모선의 길이는 원뿔의 꼭짓점과 밑면인 원둘레의 한 점을 이은 선분이므로 17 cm입니다.
높이는 원뿔의 꼭짓점에서 밑면에 수직인 선분의 길이이므로 15 cm입니다.
⇨ 17－15＝2(cm)

05 정사각형은 두 대각선의 길이가 같고 한 대각선이 다른 대각선을 이등분하므로 두 대각선의 길이의 합은 9×2＋9×2＝36(cm)입니다.

06 (각 ㄹㄱㄴ)＝180°－115°＝65°
(각 ㄱㄴㄷ)＝180°－80°＝100°
⇨ (각 ㄱㄹㄷ)＝360°－(65°＋100°＋90°)＝105°

07 삼각형 ㄱㄷㄹ에서
(각 ㄱㄹㄷ)＝180°－(40°＋95°)＝45°
점대칭도형에서 각각의 대응각의 크기는 같으므로
(각 ㄱㄴㄷ)＝(각 ㄱㄹㄷ)＝45°입니다.

08 점 ㅊ을 중심으로 하고 선분 ㄱㅊ을 반지름으로 하는 작은 원을 그려 보면 변 ㅁㅂ과 선분 ㄱㅈ은 작은 원의 지름으로 그 길이가 같습니다.

따라서 (변 ㅁㅂ)＝(큰 원의 반지름)＝24 cm입니다.

⇨ (정사각형 ㅁㅂㅅㅇ의 둘레)
＝24×4＝96(cm)

09 시계 반대 방향으로 90°만큼 13번 돌린 모양은 시계 반대 방향으로 90°만큼 1번 돌린 모양과 같습니다.
이므로 화살표는 ②번을 가리킵니다.

10 직선 가와 직선 나 사이의 거리를 □ cm라 하면 직선 나와 직선 다 사이의 거리는 (□×2) cm, 직선 다와 직선 라 사이의 거리는 (□×4) cm입니다.
⇨ □＋(□×2)＋(□×4)＝35, □×7＝35, □＝5
따라서 직선 다와 직선 라 사이의 거리는 5×4＝20(cm)입니다.

11 (도형의 둘레)
＝(가로가 53 cm, 세로가 37 cm인 직사각형의 둘레)
＝(53＋37)×2＝180(cm)

12 합동인 도형에서 각각의 대응변의 길이는 같으므로
(변 ㄱㄷ)＝(변 ㄷㅁ)＝12 cm,
(변 ㄴㄷ)＝(변 ㄹㅁ)＝13 cm,
(변 ㄷㄹ)＝(변 ㄱㄴ)＝5 cm입니다.
따라서 (선분 ㄴㄹ)＝13－5＝8(cm)이므로
(두 삼각형을 붙여 만든 도형의 둘레)
＝12＋5＋8＋13＋12＝50(cm)입니다.

13 직육면체에서 보이는 모서리의 길이의 합은
한 꼭짓점에서 만나는 세 모서리의 길이의 합의 3배이므로 (7＋5＋□)×3＝48, 12＋□＝16, □＝4입니다.

14 (원의 넓이)＝(직사각형의 넓이)
＝12×4＝48(cm²)
원의 반지름을 □ cm라 하면
□×□×3＝48, □×□＝16, □＝4입니다.
⇨ (원주)＝4×2×3＝24(cm)

15 (정육면체 한 면의 넓이)
＝(60×25－636)÷6＝144(cm²)
12×12＝144이므로 정육면체의 한 모서리의 길이는 12 cm입니다.

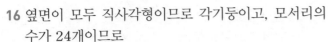

16 옆면이 모두 직사각형이므로 각기둥이고, 모서리의
수가 24개이므로
(한 밑면의 변의 수)=24÷3=8(개)입니다.
따라서 밑면이 팔각형인 팔각기둥이므로 옆면의 넓
이의 합은 3×4×8=96(cm²)입니다.

17 원기둥을 한 바퀴 굴렸을 때 굴러간 거리는 밑면의
둘레와 같으므로 16×2×3.1=99.2(cm)입니다.
따라서 두 바퀴 굴렸을 때 굴러간 거리는
99.2×2=198.4(cm)입니다.

18 점 ㄱ에서 변 ㄴㄷ에 수선을 그으
면 사각형 ㄱㅁㄷㄹ은 직사각형
이므로
(변 ㅁㄷ)=(변 ㄱㄹ)=13 cm,
(변 ㄴㅁ)=27−13=14(cm)입니다.
삼각형 ㄱㄴㅁ에서
(각 ㄴㄱㅁ)=180°−(45°+90°)=45°이므로
삼각형 ㄱㄴㅁ은 이등변삼각형이고,
(변 ㄱㅁ)=(변 ㄴㅁ)=14 cm입니다.

⇨ (사각형 ㄱㄴㄷㄹ의 넓이)
=(13+27)×14÷2=280(cm²)

19 앞에서 본 모양이 변하지 않으려면 ㄷ, ㅂ의 쌓기나
무는 빼면 안 됩니다.
옆에서 본 모양이 변하지 않으려면 ㄹ, ㄴ, ㄱ의 쌓
기나무는 빼면 안 됩니다.
따라서 앞과 옆에서 본 모양이 변하지 않으려면 ㅁ
의 쌓기나무를 빼야 합니다.

20 (정육각형의 모든 각의 크기의 합)
=180°×(6−2)=720°
(정육각형의 한 각의 크기)
=720°÷6=120°
접힌 부분은 이등변삼각형이므로
ㄴ+ㄷ=180°−120°=60°,
ㄴ=ㄷ=60°÷2=30°입니다.
ㄴ=ㄹ=30°이므로 ㄱ=120°−(30°+30°)=60°
입니다.

01 다, 가, 나
02 칠각형, 삼각형 / 1, 원, 삼각형
03 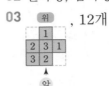 , 12개

04 21개　　　**05** 150°　　　**06** 30 cm
07 나, 270° / ⑩ 다, 90, 위(또는 아래)
08 108 cm²　　**09** 5개　　　**10** 평행사변형
11 면 가, 면 다, 면 마　　　**12** 2개
13 29°　　　**14** 315 cm²　　**15** 14 m
16 578 cm²　　**17** 18 cm　　　**18** 280 cm³
19 64 cm　　　**20** 3 cm

01 가: 7개, 나: 6개, 다: 8개
따라서 각의 수가 많은 순서대로 기호를 쓰면 다,
가, 나입니다.

03 (필요한 쌓기나무의 개수)
=1+2+3+1+3+2=12(개)

04 각각의 점에서 그을 수 있는 직선은 6개씩이고 2개
씩 중복되므로 그을 수 있는 직선의 수는 모두
7×6÷2=21(개)입니다.

05

45°+30°=75°　　45°+60°=105°　　90°+30°=120°

90°+45°=135°　　90°+60°=150°　　90°+90°=180°

두 직각 삼각자를 겹치지 않게 이어 붙여 만들 수 있
는 두 번째로 큰 각도는 150°입니다.

06 원의 반지름이 2 cm, (2+3) cm, (2+3+2) cm,
(2+3+2+3) cm로 처음 원의 반지름은 2 cm이
고 3 cm, 2 cm씩 번갈아 가며 늘어나는 규칙입니다.
(여섯째에 그려지는 원의 반지름)
=2+3+2+3+2+3=15(cm)
(여섯째에 그려지는 원의 지름)=15×2=30(cm)

07 ⓒ: 다 조각을 시계 반대 방향으로 270°만큼 돌리고 오른쪽(또는 왼쪽)으로 뒤집어도 됩니다.

08 만든 직사각형의 둘레는 정사각형의 한 변의 길이의 8배와 같습니다.
(정사각형의 한 변)=48÷8=6(cm)
(만든 직사각형의 가로)=6×3=18(cm)
(만든 직사각형의 넓이)=18×6=108(cm²)

09

각 2개짜리: ②+③ ⇨ 1개
각 3개짜리: ①+②+③, ②+③+④ ⇨ 2개
각 4개짜리: ①+②+③+④, ②+③+④+⑤
　　　　　　　　⇨ 2개
따라서 찾을 수 있는 크고 작은 둔각은 모두
1+2+2=5(개)입니다.

10 변의 수가 4개인 다각형이므로 사각형입니다.
대각선이 다른 대각선을 이등분하는 사각형은 평행사변형, 마름모, 직사각형, 정사각형입니다.
사각형 중에서 네 변의 길이가 모두 같은 사각형은 마름모와 정사각형이고, 네 각의 크기가 모두 같은 사각형은 직사각형, 정사각형이므로 조건을 모두 만족하는 도형은 평행사변형입니다.

11 점 ㄱ, 점 ㄴ, 점 ㄷ이 만나서
한 꼭짓점이 되므로
점 ㄱ과 만나는 면은 면 가,
면 다, 면 마입니다.
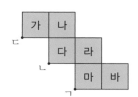

12 선대칭도형: **A H M O**
점대칭도형: **H N O S Z**
따라서 선대칭도형도 되고 점대칭도형도 되는 것은
H, O로 2개입니다.

13 (각 ㄹㄱㅂ)=90°−32°=58°이고,
(각 ㄷㄱㄹ)=(각 ㄷㄱㅂ)이므로
(각 ㄷㄱㄹ)=58°÷2=29°입니다.
삼각형 ㄱㄷㄹ에서
(각 ㄱㄷㄹ)=180°−(90°+29°)=61°이므로
(각 ㄱㄷㅁ)=90°−61°=29°입니다.

14 (남은 색종이의 넓이)=11×11×3−4×4×3
　　　　　　　　=315(cm²)

15 (도형의 넓이)
　=(2+3+6)×5
　　+(2+3)×7+2×4
　=98(m²)
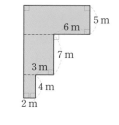
(새로 만든 정사각형의 넓이)
　=98×2=196(m²)
14×14=196이므로 새로 만든 정사각형의 한 변의 길이는 14 m입니다.

16 마름모의 두 대각선의 길이는 원의 지름과 같으므로 각각 17×2=34(cm)입니다.
⇨ (마름모의 넓이)=34×34÷2=578(cm²)

17 대칭의 중심은 대응점끼리 이은 선분을 똑같이 둘로 나누므로 (선분 ㅈㅇ)=(선분 ㅈㄹ)=5 cm,
(선분 ㄷㅇ)=43−(7+13+9+5+5)=4(cm),
(선분 ㅁㅇ)=(선분 ㄷㅇ)=4 cm입니다.
⇨ (선분 ㄷㅁ)=4+5+5+4=18(cm)

18 직육면체의 높이를 □cm라 하면
40×2+26×□=262, 80+26×□=262,
26×□=182, □=7입니다.
⇨ (직육면체의 부피)=40×7=280(cm³)

19 정삼각형 2개와 평행사변형 2개를 겹치지 않게 이어 붙여 만들었으므로 정삼각형의 한 변의 길이와 평행사변형의 짧은 변의 길이가 같습니다.
평행사변형의 짧은 변의 길이를 □cm라고 하면 긴 변의 길이는 (□+6) cm이고, 정삼각형의 한 변의 길이는 □cm이므로
□+□+(□+6)+□+□+(□+6)=90,
□×6+12=90, □×6=78, □=13입니다.
⇨ (평행사변형 한 개의 둘레)
　=(13+19)×2=64(cm)

20 (물의 부피)=30×35×18=18900(cm³)
물통에 막대를 넣었을 때 물의 높이를 □cm라 하면
(30×35−10×15)×□=18900,
900×□=18900, □=21
⇨ (올라간 물의 높이)=21−18=3(cm)

01 나	**02** 10 cm	**03** ㉠
04 나	**05** 16 cm	**06** 102 cm²
07 110°	**08** 87 cm²	**09** 110°
10 20개	**11** 48 cm²	**12** 262 cm²
13 225°	**14** 1개	**15** ㉢
16 740 cm³	**17** 186 cm	**18** 272.8 cm²
19 100 cm	**20** 31.4 cm	

01 가와 다는 밑면이 삼각형이므로 삼각기둥이고, 나는 밑면이 사각형이므로 사각기둥입니다.

02 (변 ㄱㅂ과 변 ㄴㄷ 사이의 거리)
   =(변 ㄱㅂ과 변 ㅁㄹ 사이의 거리)
    +(변 ㅁㄹ과 변 ㄴㄷ 사이의 거리)
   =(변 ㅂㅁ)+(변 ㄹㄷ)=4+6=10(cm)

03 ㉠ 각뿔의 옆면의 수는 밑면의 변의 수와 같습니다.

04 가   나   다

   3개   9개   5개
따라서 원의 중심의 수가 가장 많은 것은 나입니다.

05 변 ㄴㄷ의 길이를 ☐ cm라 하면
   (☐+12)×2=56, ☐+12=28, ☐=16입니다.

06
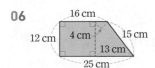
한 변이 12 cm인 정사각형을 만들 수 있고, 만들고 남은 도형은 윗변, 아랫변, 높이가 각각 4 cm, 13 cm, 12 cm인 사다리꼴입니다.
   ⇨ (만들고 남은 도형의 넓이)
      =(4+13)×12÷2=102(cm²)

07 주어진 도형은 그림과 같이 삼각형과 사각형으로 나눌 수 있으므로 도형의 모든 각의 크기의 합은 180°+360°=540°입니다.

   ⇨ ㉠=540°−(95°+100°+125°+110°)=110°

08 (삼각형의 넓이)=12×5÷2=30(cm²)
   (사다리꼴의 넓이)=(12+7)×6÷2=57(cm²)
   ⇨ (다각형의 넓이)=30+57=87(cm²)

09 합동인 도형에서 각각의 대응각의 크기가 같으므로
   (각 ㄴㄷㄹ)=(각 ㄷㄱㄴ)=40°입니다.
   삼각형 ㄴㄷㄹ에서
   (각 ㄹㄴㄷ)=180°−(40°+105°)=35°이고
   (각 ㄱㄷㄴ)=(각 ㄹㄴㄷ)=35°이므로
   (각 ㄴㅁㄷ)=180°−(35°+35°)=110°입니다.

10 (정다각형의 변의 수)=104÷13=8(개)이므로 정팔각형입니다.
   ⇨ (정팔각형의 대각선의 수)
      =8×(8−3)÷2=20(개)

11 만들어지는 입체도형은 오른쪽과 같은 원뿔입니다.
따라서 만들어지는 입체도형을 앞에서 본 모양의 넓이는
12×8÷2=48(cm²)입니다.
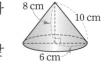

12 직육면체의 높이를 ☐ cm라 하면
   8×7×☐=280, 56×☐=280, ☐=5입니다.
   (직육면체의 겉넓이)
   =(8×7+8×5+7×5)×2=262(cm²)

13 정사각형은 네 각이 모두 직각이고 평행사변형은 마주 보는 각의 크기가 같으므로 (각 ㄱㄹㄷ)=90°, (각 ㅂㄹㄷ)=(각 ㄷㅁㅂ)=180°−45°=135°입니다.
   ⇨ ㉠=90°+135°=225°

14 앞과 옆에서 본 모양을 보고 위에서 본 모양의 각 자리에 쌓인 쌓기나무의 수를 쓰면 ㉠ 자리에는 1개 또는 2개가 있을 수 있습니다.

   가장 많은 경우: 2+2+3+2+1=10(개)
   가장 적은 경우: 2+1+3+2+1=9(개)
   ⇨ 10−9=1(개)

15 서로 평행한 두 면의 눈의 수의 합이 7이므로 서로 수직인 면의 눈의 수의 합은 7이 될 수 없습니다.
   ㉠ 눈의 수가 3인 면과 4인 면이 서로 수직인 면으로 눈의 수의 합이 7입니다.
   ㉡ 눈의 수가 2인 면과 5인 면이 서로 수직인 면으로 눈의 수의 합이 7입니다.

16 $9 \times 10 \times 10 - (9-2-3) \times 4 \times 10 = 740 \, (\text{cm}^3)$

17 작은 원 한 개의 지름이 $62 \div 3.1 = 20 \, (\text{cm})$이므로 큰 원의 지름은 $20 \times 3 = 60 \, (\text{cm})$입니다.
⇨ (큰 원의 원주) $= 60 \times 3.1 = 186 \, (\text{cm})$

18 (밑면의 반지름) $= 24.8 \div 3.1 \div 2 = 4 \, (\text{cm})$
(한 밑면의 넓이) $= 4 \times 4 \times 3.1 = 49.6 \, (\text{cm}^2)$
(옆면의 넓이) $= 24.8 \times 7 = 173.6 \, (\text{cm}^2)$
포장지는 적어도 원기둥 겉면의 넓이만큼 필요합니다.
⇨ (필요한 포장지의 넓이)
  $= 49.6 \times 2 + 173.6 = 272.8 \, (\text{cm}^2)$

19 사용한 끈은 17 cm인 부분 2개, 10 cm인 부분 2개, 8 cm인 부분 4개와 매듭입니다.
⇨ (사용한 끈의 길이의 합)
  $= (17 \times 2 + 10 \times 2 + 8 \times 4) + 14$
  $= 100 \, (\text{cm})$

20 ㉠과 ㉡의 넓이가 같으므로 반원의 넓이와 삼각형 ㄱㄴㄷ의 넓이가 같습니다.
(반원의 넓이) $= 20 \times 20 \times 3.14 \div 2 = 628 \, (\text{cm}^2)$
선분 ㄱㄷ의 길이를 ☐ cm라고 하면
$40 \times \square \div 2 = 628$, $40 \times \square = 1256$, $\square = 31.4$입니다.

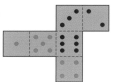

성취도 평가 ④회

01 나, 라, 사	**02** 52 cm	**03** ㉠
04 ㉢, ㉣	**05** 가, 8개	**06** 140°
07 다 / 나	**08** 13 cm	**09** 3시 48분
10 73.5 cm²	**11** 22개	**12** 10 cm
13 20°	**14** 640 cm²	**15** 120°
16		**17** 16 cm
18 210 cm²	**19** 5 cm	**20** 137.5 cm

01 선분으로만 둘러싸인 도형을 다각형이라고 합니다.

02 삼각형 ㄱㄴㄷ은 이등변삼각형이므로
(변 ㄴㄷ) = (변 ㄴㄱ) = 16 cm이고,
(변 ㄱㄷ) = $45 - 16 \times 2 = 13 \, (\text{cm})$입니다.
⇨ (정사각형의 둘레) $= 13 \times 4 = 52 \, (\text{cm})$

03 ㉠  ㉡ ㉢
예각 직각 둔각

04 ㉢ 원뿔의 모선의 길이는 항상 높이보다 깁니다.
㉣ 구는 어느 방향에서 보아도 모양이 원으로 같습니다.

05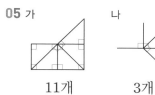
가 11개 나 3개
⇨ 가가 $11 - 3 = 8$(개) 더 많습니다.

06 선대칭도형에서 대응점끼리 이은 선분은 대칭축과 수직으로 만나므로 (각 ㄱㄷㄴ) = 90°이고, 각각의 대응각의 크기는 같으므로
(각 ㄱㄴㄷ) = (각 ㄱㄹㄷ) = 50°입니다.
⇨ (각 ㄱㄷㄴ) + (각 ㄱㄹㄷ) = 90° + 50° = 140°

07 2층으로 가능한 모양은 가, 나, 다, 라입니다.
2층에 가, 나, 라를 놓으면 3층에 놓을 수 있는 모양이 없고, 2층에 다를 놓으면 3층에 나를 놓을 수 있습니다.

08 (가장 큰 원의 지름) = 33 cm
(중간 원의 지름)
= (가장 큰 원의 지름) − (가장 작은 원의 반지름)
$= 33 - 7 = 26 \, (\text{cm})$
㉠ = (중간 원의 반지름) $= 26 \div 2 = 13 \, (\text{cm})$

09 시계의 왼쪽에 거울을 비추면 왼쪽과 오른쪽의 위치가 서로 바뀝니다.

81:5 ⇨ 2:18

⇨ 2시 18분 + 1시간 30분 = 3시 48분

10 반원을 한 바퀴 돌려 만든 구의 지름이 $14\,cm$이므로 반원의 반지름은 $14 \div 2 = 7\,(cm)$입니다.
$\Rightarrow$ (반원의 넓이)$= 7 \times 7 \times 3 \div 2 = 73.5\,(cm^2)$

11 밑면의 모양이 칠각형이므로 칠각뿔입니다.
(칠각뿔의 모서리의 수)$= 7 \times 2 = 14$(개)
(칠각뿔의 면의 수)$= 7 + 1 = 8$(개)
$\Rightarrow 14 + 8 = 22$(개)

12 (사다리꼴 ㄱㄴㄷㄹ의 넓이)
$= (6+8) \times 5 \div 2 = 35\,(cm^2)$
(삼각형 ㄹㄴㄷ의 넓이)$= 8 \times 5 \div 2 = 20\,(cm^2)$
(삼각형 ㄱㄴㄹ의 넓이)$= 35 - 20 = 15\,(cm^2)$
삼각형 ㄱㄴㄹ에서 밑변이 선분 ㄴㄹ일 때 높이는 $3\,cm$이므로 (선분 ㄴㄹ)$= 15 \times 2 \div 3 = 10\,(cm)$입니다.

13 ●$= 180° - 45° = 135°$,
▲$= 360° - (135° + 90° + 65°)$
$= 70°$
㉠$= 90° - 70° = 20°$

14 직사각형 모양의 종이를 접은 것이므로
(변 ㄴㅁ)$=$(변 ㄴㄷ)$= 64\,cm$입니다.
(삼각형 ㅁㄴㄹ의 넓이)$= 64 \times 32 \div 2 = 1024\,(cm^2)$
(삼각형 ㅁㅂㄹ의 넓이)$= 32 \times 24 \div 2 = 384\,(cm^2)$
$\Rightarrow$(삼각형 ㄴㄹㅂ의 넓이)$= 1024 - 384 = 640\,(cm^2)$

15 삼각형 ㄱㄴㄷ에서
(각 ㄴㄱㄷ)$= 180° - (75° + 60°) = 45°$입니다.
삼각형 ㄱㄹㅂ과 삼각형 ㅁㅂㄹ은 합동이므로
(각 ㄹㅁㅂ)$=$(각 ㅂㄱㄹ)$= 45°$입니다.
삼각형 ㄹㄴㅁ과 삼각형 ㅂㅁㄷ은 합동이므로
(각 ㅂㅁㄷ)$=$(각 ㄹㄴㅁ)$= 75°$입니다.
$\Rightarrow$(각 ㄹㅁㄷ)$=$(각 ㄹㅁㅂ)$+$(각 ㅂㅁㄷ)
$= 45° + 75° = 120°$

16 전개도를 접었을 때 서로 평행한 두 면을 찾아 두 면의 눈의 수의 합이 7이 되도록 합니다.

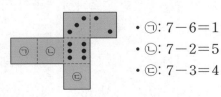

- ㉠: $7 - 6 = 1$
- ㉡: $7 - 2 = 5$
- ㉢: $7 - 3 = 4$

17 선대칭도형과 점대칭도형은 각각의 대응변의 길이가 같습니다.
(변 ㄱㅊ)$=$(변 ㄷㄹ)$=$(변 ㅂㅁ)$=$(변 ㅇㅈ)
$= 4\,cm$
(변 ㄱㄴ)$=$(변 ㄷㄴ)$=$(변 ㅂㅅ)$=$(변 ㅇㅅ)
$= 9\,cm$
(변 ㄹㅁ)$=$(변 ㅊㅈ)$= \square\,cm$라 하면
$4 \times 4 + 9 \times 4 + \square \times 2 = 84$, $\square \times 2 = 32$, $\square = 16$
입니다.

18 원기둥의 밑면의 반지름을 $\square\,cm$라 하면
$\square \times \square \times 3 = 75$, $\square \times \square = 25$, $\square = 5$입니다.
(밑면의 둘레)$= 5 \times 2 \times 3 = 30\,(cm)$
(옆면의 넓이)$= 30 \times 7 = 210\,(cm^2)$

19 각기둥의 옆면이 모두 합동이므로 각기둥의 밑면의 모양은 정삼각형입니다.
(두 밑면의 모서리의 길이의 합)
$= 57 - 9 \times 3 = 30\,(cm)$
(한 밑면의 모서리의 길이의 합)$= 30 \div 2 = 15\,(cm)$
$\Rightarrow$ (밑면의 한 모서리의 길이)$= 15 \div 3 = 5\,(cm)$

20 (가장 작은 반원의 지름)$= (20 \div 2) \div 2 = 5\,(cm)$
(가장 큰 원의 지름)$= 20 + 5 = 25\,(cm)$
(색칠한 부분의 둘레)
$= 25 \times 3 + 20 \times 3 \div 2 + 5 \times 3 \div 2 + 25$
$= 137.5\,(cm)$